高等学校应用型特色规划教材

计算机信息技术

主 编◎刘振湖 付小玉 涂发金

副主编◎李婷婷 吴世奇 徐 英 曾建军 靳 羚

U0277546

人民邮电出版社

北 京

图书在版编目（CIP）数据

计算机信息技术 / 刘振湖，付小玉，涂发金主编
. -- 北京：人民邮电出版社，2023.9
高等学校应用型特色规划教材
ISBN 978-7-115-60648-8

Ⅰ．①计… Ⅱ．①刘… ②付… ③涂… Ⅲ．①电子计
算机－高等学校－教材 Ⅳ．①TP3

中国版本图书馆CIP数据核字(2022)第235741号

内 容 提 要

本书是为学习计算机类专业基础课的读者编写的，可作为专升本考试、计算机等级考试、职称计算机考试的参考用书。

全书主要包含3个部分：第一部分（第1～3章）对计算机基础知识、系统构成和常见操作系统进行介绍，第二部分（第4～6章）主要介绍 Word 2016、Excel 2016、PowerPoint 2016 等常用 Office 组件的使用方法与技巧，第三部分（第7、8章）主要介绍网络安全与新一代信息技术相关知识。

本书概念表述严谨，逻辑严密，语言精练，用词达意，每章均配有课后习题及答案（提供电子版），既便于教学，又便于自学。

◆ 主　　编　刘振湖　付小玉　涂发金
　　副 主 编　李婷婷　吴世奇　徐　英　曾建军　靳　羚
　　责任编辑　张晓芬
　　责任印制　马振武
◆ 人民邮电出版社出版发行　　北京市丰台区成寿寺路 11 号
　　邮编 100164　电子邮件 315@ptpress.com.cn
　　网址 https://www.ptpress.com.cn
　　北京隆昌伟业印刷有限公司印刷
◆ 开本：787×1092　1/16
　　印张：11.5　　　　　　　　2023 年 9 月第 1 版
　　字数：340 千字　　　　　　2023 年 9 月北京第 1 次印刷

定价：45.00 元

读者服务热线：(010)81055493　印装质量热线：(010)81055316
反盗版热线：(010)81055315
广告经营许可证：京东市监广登字 20170147 号

前　言

随着信息技术的飞速发展和计算机教育的普及，国内高校的计算机基础教育已步入了一个新的发展阶段。各专业对学生的计算机应用能力提出了更高的要求。为了适应这种新发展，课程内容不断推陈出新。我们根据教育部高等学校计算机科学与技术教学指导委员会《关于进一步加强高等学校计算机基础教学的意见暨计算机基础课程教学基本要求（试行）》和《高等学校非计算机专业计算机基础课程教学基本要求》，结合《中国高等院校计算机基础教育课程体系》，编写了本书。

大学计算机基础是高等教育非计算机专业的公共必修课程，也是学习其他计算机相关技术课程的前导和基础课程。本书编写的宗旨是使读者较全面、系统地了解计算机基础知识，具备计算机实际应用能力，并能在各自的专业领域自觉地应用计算机进行学习与研究。本书兼顾了不同专业、不同层次学生的需要，强化了计算机基础知识、计算机系统构成、操作系统和 Office 组件的使用技巧等方面的基本内容，使学生在编辑文本和处理数据等方面的能力得到拓展。全书分为 8 章，主要内容包括：第 1、2 章介绍计算机的基础知识、信息在计算机中的表示形式和编码、计算机的构成和工作原理；第 3 章介绍操作系统的基础知识及 Windows 10 的基本操作等；第 4～6 章介绍常用办公软件 Office 2016 中 Word、Excel、PowerPoint 的使用方法与技巧；第 7 章介绍网络安全，包括网络安全体系、网络安全法律法规等；第 8 章介绍新一代信息技术的概念及基本应用。

参加本书编写的刘振湖、付小玉、涂发金、李婷婷、吴世奇、徐英、曾建军和靳羚老师都是多年从事一线教学的教师，具有较为丰富的教学与工程实践经验。在编写时注重原理与实践的紧密结合，注重实用性和可操作性；在案例的选取上注意从读者日常学习和工作的需要出发；在文字的叙述上深入浅出，通俗易懂。

由于编者水平有限，书中难免存在不足之处，恳请各位读者和专家批评、指正！

为了便于学习和使用，我们提供了本书的配套资源。读者可以扫描并关注下方的"信通社区"二维码，回复数字 60648，即可获得配套资源。

"信通社区"二维码

主编

2022 年 10 月

目　录

第1章　计算机基础知识

【知识目标】

1. 了解计算机的发展。
2. 掌握进制转换的方法。
3. 了解信息的编码。
4. 了解多媒体技术。

【技能目标】

1. 培养学生逻辑思维能力。
2. 培养学生动手操作能力。

【素质目标】

1. 具有良好的自主学习能力、沟通能力。
2. 具有较强的团队精神、组织协调能力。

1.1 人物介绍

1. 约翰·冯·诺依曼（John von Neumann，1903 年—1957 年）

约翰·冯·诺依曼（简称冯·诺依曼）出生于匈牙利布达佩斯，毕业于苏黎世联邦工业大学，是美籍匈牙利数学家、计算机科学家、物理学家，在现代电子计算机与博弈论等领域作出了重大贡献，被称为"现代计算机之父""博弈论之父"，代表作有《计算机与人脑》《博弈论和经济行为》等。

冯·诺依曼在 1927 年—1929 年先后发表了集合论、代数和量子理论方面的文章；

1930 年起，先后担任了普林斯顿大学的客座讲师、客座教授、高级研究院教授；1943 年起，成为制造原子弹的顾问；1954 年，成为美国原子能委员会成员。他在遍历理论、几何学等众多数学领域及计算机学、量子力学和经济学中也有重大贡献。冯·诺依曼如图 1.1 所示。

图 1.1　冯·诺依曼

2．艾伦·麦席森·图灵（Alan Mathison Turing，1912 年—1954 年）

艾伦·麦席森·图灵是英国数学家、逻辑学家，被称为计算机科学之父。1936 年，图灵向伦敦权威的数学杂志投了一篇论文，题为《论数字计算在决断难题中的应用》。在这篇论文中，图灵给"可计算性"下了一个严格的数学定义，并提出著名的"图灵机（Turing Machine）"的设想。

"图灵机"不是一种具体的机器，而是一种思想模型，可制造一种十分简单但运算能力极强的计算装置，用来计算所有能想象到的可计算函数。"图灵机"与"冯·诺依曼机"齐名，被载入计算机的发展史。艾伦·麦席森·图灵如图 1.2 所示。

图 1.2　艾伦·麦席森·图灵

3．克劳德·艾尔伍德·香农（Claude Elwood Shannon，1916 年—2001 年）

克劳德·艾尔伍德·香农出生在美国密歇根州的 Petoskey，是数学家、信息论的著名创始人，为信息论和数字通信奠定了基础。人们认为香农在 1948 年发表的长达数十页的论文《通信的数学理论》是信息论正式诞生的里程碑。

在香农的通信数学模型中，他清楚地提出信息的度量问题，把哈特利的公式扩大到概率 P_i 不同的情况，得到了著名的计算信息熵 H 的公式：$H=\sum -P_i \log P_i$。信息熵是以比特为单位的，今天在计算机和通信领域中广泛使用的字节（Byte）、KB、MB、GB 等都是由比特演化而来的。克劳德·艾尔伍德·香农如图 1.3 所示。

图 1.3　克劳德·艾尔伍德·香农

4．赫伯特·亚历山大·西蒙（Herbert Alexander Simon，1916 年—2001 年）

赫伯特·亚历山大·西蒙是美国计算机科学家，是 20 世纪科学界一位奇特的通才。他学识渊博、兴趣广泛，研究工作涉及经济学、政治学、管理学、社会学、心理学、运筹学、计算机科学、认知科学、人工智能（Artificial Intelligence，AI）等众多领域，并做出了创造性贡献。

1976 年，西蒙和纽威尔给"物理符号系统"下了定义，提出了"物理符号系统假说"，成为人工智能中影响最大的符号主义学派的创始人和代表人物。这一学说则鼓励着人们对人工智能进行伟大的探索。赫伯特·亚历山大·西蒙如图 1.4 所示。

图 1.4　赫伯特·亚历山大·西蒙

5．范内瓦·布什（Vannevar Bush，1890 年—1974 年）

范内瓦·布什是模拟计算机的开创者，香农是他的学生。1945 年，他在发表的论文《诚如所思》"As We May Think"中提出了微缩胶卷和麦克斯存储器（Memex）的设想，开创了数字计算机和搜索引擎时代。他在这篇论文中预测了未来计算机的发展，许多计算机领域的先驱们受到这篇论文的启发。鼠标、超文本等计算机技术都是基于这篇具有理论时代意义的论文创造的。范内瓦·布什如图 1.5 所示。

图 1.5　范内瓦·布什

1.2　计算机的发展

1946 年，第一代电子管计算机是电子数字积分计算机（Electronic Numerical Integrator And Computer，ENIAC），如图 1.6 所示，在费城公诸于世，它不仅可以通过不同部分重新接线进行编程，还拥有并行计算能力，但功能受限制，计算速度也慢。ENIAC 的问世标志着现代计算机的诞生，是计算机发展史上的里程碑。

图 1.6　第一代电子管计算机

　　第二代晶体管计算机如图 1.7 所示。晶体管的发明大大促进了计算机的发展，晶体管代替了电子管，电子设备体积减小。1956 年，晶体管在计算机中使用，晶体管和磁芯存储器促使了第二代计算机的产生。第二代计算机体积小、速度快、功耗低、性能更稳定。首先使用晶体管技术的是早期的超级计算机，主要用于原子科学的大量数据处理，这些机器价格昂贵，生产数量极少。

图 1.7　第二代晶体管计算机

　　第三代集成电路计算机如图 1.8 所示。晶体管比电子管进步，但产生的大量热量极易损害计算机内部的敏感部分。1958 年，集成电路被发明，将电子元件结合到一片小小的硅片上，使更多的元件集成到单一的半导体芯片上。于是，计算机变得更小，功耗更低，速度更快。这一时期的发展还有使用了操作系统，使计算机在中心程序的控制协调下可以同时运行许多不同的程序。1964 年，美国 IBM 公司研制成功第一个采用集成电路的通用电子计算机系列 IBM360 系统。

图 1.8　第三代集成电路计算机

第四代大规模集成电路计算机如图 1.9 所示。大规模集成电路可以在一个芯片上容纳几百个元件。到了 20 世纪 80 年代，超大规模集成电路在芯片上可容纳几十万个元件，后来的超大规模集成电路将这一数字扩充到百万级。可以在硬币大小的芯片上容纳如此数量的元件使计算机的体积和价格不断下降，而功能和可靠性不断增强。基于"半导体技术"的发展，到 1972 年，第一台真正的个人计算机（Personal Computer，PC）诞生了。

图 1.9　第四代大规模集成电路计算机

第五代智能计算机如图 1.10 所示。1981 年，日本在东京召开了第五代计算机研讨会，随后制订出研制第五代计算机的长期计划。智能计算机的主要特征是具有人工智能技术，能够像人一样思考，并且运算速度极快，其硬件系统支持高度并行和推理，其软件系统能够处理知识信息。神经网络计算机（也称神经元计算机）是智能计算机的重要代表。但第五代计算机目前仍处在探索、研制阶段。真正实现后，将有无限的发展前途。

图 1.10　第五代智能计算机

第六代生物计算机如图 1.11 所示。半导体硅晶片的电路密集，散热问题难以彻底解决，影响了计算机性能的进一步突破。研究发现，DNA 的双螺旋结构能够容纳巨量信息，其存储量相当于半导体芯片的数百万倍。一个蛋白质分子就是存储体，而且阻抗低、能耗小、发热量极低。基于此，利用蛋白质分子制造基因芯片研制生物计算机，已成为当今计算机领域的最前沿技术。生物计算机比硅晶片计算机在速度、性能上有质的飞跃，被视为极具发展潜力的"第六代计算机"。

图 1.11　第六代生物计算机

1.3　进制转换

1.3.1　计算机中数值的表示

在计算机领域，数值的进位计数制主要有 4 种：十进制、二进制、八进制和十六进制。其中，二进制是基础。计算机最底层的芯片中，每个器件的状态只有"开"和"关"两种，对应地分别用"0"和"1"表示，这就是二进制的由来。至于其他进制，主要是为了表示方便而采用的。

计数制是用一组固定的符号和统一的规则表示数值的方法。在日常生活中，我们通常以十进制进行计数。除了十进制计数，还有许多非十进制的计数方法。例如，时间（60 秒为 1 分钟，60 分钟为 1 小时）是以六十进制进行计数的。

无论采用哪一种进位计数制，数值的表示都包含两个基本要素：基数和位权。 基数是进位计数制允许使用的数码的个数。一般而言，r 进制的基数为 r，可供使用的数码有 r 个，分别为 $0 \sim r-1$，每个数位计满 r 就向高位进 1，即"逢 r 进一"。

位权简称权，指数制中每一个固定数位对应的单位值（常数），该值等于以基数为底，以数码所处位置的序号为指数的幂。其中，各个数码所处位置的序号计法为：以小数点为基准，整数部分自右向左递增，依次为 0、1、2……小数部分自左向右递减，依次为 −1、−2……例如，在十进制中，整数部分自右向左第 3 位的位权为 10^2，即 100。

在进位计数制中，各个数码表示的数值等于该数码乘以对应的位权。例如，在十进制数 123 中，1 代表的数值为 $1 \times 10^2 = 100$，2 代表的数值为 $2 \times 10^1 = 20$。

不同进制数可以表示为（数值）$_{计数制}$，也可以在数值的后面用特定的字母表示该数值的进制，具体表示方法为：

① 二进制可用字母 B 表示，如 1101.01B 或（1101.01）$_2$；

② 十进制可用字母 D 表示（D 可省略）；

③ 八进制可用字母 O 表示，如 263.21O 或（263.21）$_8$。

④ 十六进制可用字母 H 表示，如 F4.C1H 或（F4.Cl）$_{16}$。

1．十进制

十进制数的特征有以下几个。

① 十进制可用的数码有 10 个，即 0、1、2……9。

② 基数为 10。

③ 逢十进一，借一当十。

例如，十进制数 125.36 按权展开为 $125.36 = 1 \times 10^2 + 2 \times 10^1 + 5 \times 10^0 + 3 \times 10^{-1} + 6 \times 10^{-2}$。

2．二进制

二进制数的特征有以下几个。

① 二进制可用的数码有两个，即 0 和 1。

② 基数为 2。

③ 逢二进一，借一当二。

例如，二进制数 1101 按权展开为 $(1101)_2 = 1 \times 2^3 + 1 \times 2^2 + 0 \times 2^1 + 1 \times 2^0$。

我们习惯用十进制计数，而计算机采用二进制计数，这是由于二进制在计算机设备中易于实现，计算规则简单，且易应用于逻辑代数（真和假）。

3．八进制

八进制数的特征有以下几个。

① 八进制可用的数码有 8 个，即 0、1、2、3、4、5、6 和 7。

② 基数为 8。

③ 逢八进一，借一当八。

例如，八进制数 7251 按权展开为（7251）$_8$=7×8^3+2×8^2+5×8^1+1×8^0。

4．十六进制

十六进制数的特征有以下几个。

① 十六进制可用的数码有 16 个，即 0～9、A、B、C、D、E 和 F。

② 基数为 16。

③ 逢十六进一，借一当十六。

例如，十六进制数 D27A 按权展开为（D27A）$_{16}$=13×16^3+2×16^2+7×16^1+10×16^0。

1.3.2　进制转换的方法

虽然不同进制数之间的转换过程是计算机自动完成的，但我们仍有必要了解不同进制数的转换方法。

1．其他进制数转换为十进制数

方法是：将其他进制数按权展开，然后各项相加，就得到相应的十进制数。

【例 1-1】将二进制数 10110.101 转换成十进制数。

按权展开（10110.101）$_2$=1×2^4+0×2^3+1×2^2+1×2^1+0×2^0+1×2^{-1}+0×2^{-2}+1×2^{-3}

$$=16+0+4+2+0+0.5+0+0.125$$

$$=（22.625）_{10}$$

【例 1-2】将八进制数 654.23 转换成十进制数。

按权展开（654.23）$_8$=6×8^2+5×8^1+4×8^0+2×8^{-1}+3×8^{-2}

$$=384+40+4+0.25+0.046875$$

$$=（428.296875）_{10}$$

【例 1-3】将十六进制数 3A6E.5 转换成十进制数。

按权展开（3A6E.5）$_{16}$=3×16^3+10×16^2+6×16^1+14×16^0+5×16^{-1}

$$=12288+2560+96+14+0.3125$$

$$=（14958.3125）_{10}$$

2．十进制数转换为二进制数

整数部分的转换采用"除 2 取余法"，即整数部分不断除以 2，并记下每次所得余数，然后将所有余数按倒序排列即为相应的二进制数。小数部分的转换则采用"乘 2 取整法"，即小数部分不断乘以 2，并记下每次所得整数，然后将所有整数按顺序排列即为相应的二进制数。

【例 1-4】将十进制数 43.625 转换成二进制数。

将 43.625 的整数部分和小数部分分开处理：

整数部分	取余数	小数部分	取整数
2 ⌐ 43 ·············	1		
2 ⌐ 21 ·············	1		
2 ⌐ 10 ·············	0	0.625×2=1.25	1
2 ⌐ 5 ·············	1	0.25×2=0.5	0
2 ⌐ 2 ·············	0	0.5×2=1	1
2 ⌐ 1 ·············	1		
0			

结果为（43.625）$_{10}$=（101011.101）$_2$。

3．二进制数、八进制数、十六进制数之间的转换

由于二进制数、八进制数、十六进制数之间存在特殊的关系：$8^1=2^3$，$16^1=2^4$。即 1 位八进制数相当于 3 位二进制数，1 位十六进制数相当于 4 位二进制数，因此转换比较容易，对照表 1.1 进行转换即可。

表 1.1　十进制数、二进制数、八进制数、十六进制数之间的转换

十进制数	二进制数	八进制数	十六进制数	十进制数	二进制数	八进制数	十六进制数
0	0000	0	0	9	1001	11	9
1	0001	1	1	10	1010	12	A
2	0010	2	2	11	1011	13	B
3	0011	3	3	12	1100	14	C
4	0100	4	4	13	1101	15	D
5	0101	5	5	14	1110	16	10
6	0110	6	6	15	1111	17	11
7	0111	7	7	16	10000	20	12
8	1000	10	8	17	10001	21	13

（1）二进制数与八进制数的相互转换

二进制数转换为八进制数时，二进制数的整数部分自右向左，每 3 位为 1 组，最

后 1 组不满 3 位时高位补 0；小数部分自左向右，每 3 位为 1 组，最后 1 组不满 3 位时低位补 0。每组转换成 1 位的八进制数即可。相反，八进制数转换成二进制数时，将八进制数的每 1 位转换成对应的 3 位的二进制数即可。

【例 1-5】 将二进制数 10101011.110101 转换成八进制数。

010 101 011.110 101（整数部分高位补 0）

2　5　3. 6　5

所以，$(010\ 101\ 011.110\ 101)_2=(253.65)_8$。

【例 1-6】 将八进制数 162.52 转换成二进制数。

1　6　2　.　5　2

001 110　010　.　101　010

所以，$(162.52)_8=(1110010.10101)_2$。

（2）二进制数与十六进制数的相互转换

二进制数转换为十六进制数时，以二进制数的小数点为中心，整数部分自右向左，每 4 位为 1 组，最后 1 组不满 4 位时高位补 0；小数部分自左向右，每 4 位为 1 组，最后 1 组不满 4 位时低位补 0。相反，十六进制数转换成二进制数时，将十六进制数的每 1 位转换成对应的 4 位的二进制数即可。

【例 1-7】 将二进制数 10101011.110101 转换成十六进制数。

1010　1011. 1101　0100（小数部分低位补 0）

A　　B. 　D　　4

所以，$(1010\ 1011.1101\ 0100)_B=(AB.D4)_H$。

【例 1-8】 将十六进制数 A6.3C 转换成二进制数。

A　　6　.　3　　C

1010　0110　.　0011　1100

所以，$(A6.3C)_H=(10100110.001111)_B$。

十六进制数与八进制数转换成二进制数的方法同上。

1.4　信息编码

无论是数值数据还是非数值数据，计算机都会采用不同的编码标准先将这些数据转换成二进制数，再进行下一步运算。例如，当用户输入一个字符时，系统先将字符按其编码标准自动转换为相应的二进制数存入计算机存储单元中，再自动将二进制数转换成可视的信息显示出来。编码标准主要有以下几种。

1. ASCII

目前，计算机中采用最广泛的字符编码是美国信息交换标准代码（American Standard Code for Information Interchange，ASCII），它被国际标准化组织（International Organization for Standardization，ISO）指定为国际标准。ASCII 包括 32 个通用控制字符、10 个十进制数码、52 个英文大小写字母和 34 个专用符号，共 128（即 2^7）个元素，故需要用 7 位二进制数进行编码，以区分每个字符，如图 1.12 所示。

低四位		ASCII非打印控制字符 0000 (0) +进制	字符	ctrl	代码	字符解释	0001 (1) +进制	字符	ctrl	代码	字符解释	ASCII 打印字符 0010 (2) +进制	字符	0011 (3) +进制	字符	0100 (4) +进制	字符	0101 (5) +进制	字符	0110 (6) +进制	字符	0111 (7) +进制	字符	ctrl
0000	0	0	BLANK NULL	^@	NUL	空	16	►	^P	DLE	数据链路转意	32		48	0	64	@	80	P	96	`	112	p	
0001	1	1	☺	^A	SOH	头标开始	17	◄	^Q	DC1	设备控制1	33	!	49	1	65	A	81	Q	97	a	113	q	
0010	2	2	☻	^B	STX	正文开始	18	↕	^R	DC2	设备控制2	34	"	50	2	66	B	82	R	98	b	114	r	
0011	3	3	♥	^C	ETX	正文结束	19	‼	^S	DC3	设备控制3	35	#	51	3	67	C	83	S	99	c	115	s	
0100	4	4	♦	^D	EOT	传输结束	20	¶	^T	DC4	设备控制4	36	$	52	4	68	D	84	T	100	d	116	t	
0101	5	5	♣	^E	ENQ	查询	21	§	^U	NAK	反确认	37	%	53	5	69	E	85	U	101	e	117	u	
0110	6	6	♠	^F	ACK	确认	22	▬	^V	SYN	同步空闲	38	&	54	6	70	F	86	V	102	f	118	v	
0111	7	7	●	^G	BEL	震铃	23	↨	^W	ETB	传输块结束	39	'	55	7	71	G	87	W	103	g	119	w	
1000	8	8	◘	^H	BS	退格	24	↑	^X	CAN	取消	40	(	56	8	72	H	88	X	104	h	120	x	
1001	9	9	○	^I	TAB	水平制表符	25	↓	^Y	EM	媒体结束	41	)	57	9	73	I	89	Y	105	i	121	y	
1010	A	10	◎	^J	LF	换行/新行	26	→	^Z	SUB	替换	42	*	58	:	74	J	90	Z	106	j	122	z	
1011	B	11	♂	^K	VT	竖直制表符	27	←	^[	ESC	转意	43	+	59	;	75	K	91	[	107	k	123	{	
1100	C	12	♀	^L	FF	换页/新页	28	∟	^\	FS	文件分隔符	44	,	60	<	76	L	92	\	108	l	124			
1101	D	13	♪	^M	CR	回车	29	↔	^]	GS	组分隔符	45	-	61	=	77	M	93	]	109	m	125	}	
1110	E	14	♫	^N	SO	移出	30	▲	^6	RS	记录分隔符	46	.	62	>	78	N	94	^	110	n	126	~	
1111	F	15	☼	^O	SI	移入	31	▼	^-	US	单元分隔符	47	/	63	?	79	O	95	_	111	o	127	Δ	Back space

图 1.12　ASCII

图中每个字符对应一个数值，称为该字符的 ASCII 码值。通常使用一个字节（即 8 个二进制位）表示一个 ASCII 字符，并规定其最高位是 0。例如，数字 "0" 的 ASCII 码值为 00110000B，字母 "A" 的 ASCII 码值为 01000001B。

2. 汉字编码

我们在用计算机进行信息处理时，需要用到汉字。由于汉字是象形文字，其形状和笔画数量差异大，且汉字的数目多，因此无法用少数几个确定的符号将汉字表示出来，也无法像英文那样将汉字拼写出来。汉字必须有独特的编码。

（1）汉字输入码

汉字输入码也叫汉字外码，指从键盘输入汉字时采用的编码方式，主要有以下几种。

① 字编码，如区位码所用的编码方式。

② 拼音码，如全拼输入法、微软拼音输入法、智能 ABC 输入法等所用的编码方式。

③ 形码，如五笔字型输入法和表形码所用的编码方式。

④ 音形码，即具有五笔拼音混合输入功能的输入法，如万能五笔输入法等所用的编码方式。

（2）国标码

国标码又称汉字交换码，是汉字信息处理系统之间或者通信系统之间进行信息交换的汉字代码，简称交换码。它是为方便在各种系统、设备之间进行信息交换而制定的。我国制定颁布了《信息交换用汉字编码字符集 基本集》（GB/T 2312—1980），所以也称为国标码。

国标码中收集了 682 个常用图形符号（如序号、数字、罗马数字、英文字母、日文假名、俄文字母、汉语注音等）和 6763 个汉字。汉字分为两级：第一级有常用汉字 3755 个，按拼音排序；第二级有一般汉字 3008 个，按部首排序。

（3）区位码

国标（GB/T 2312—1980）规定，所有的国标汉字和符号组成一个 94×94 的矩阵，该矩阵中的每一行称为一个“区”，每一列称为一个“位”，这样，字符集中的每个汉字或字符都有对应的区号（1～94）和位号（1～94）。区号和位号组合在一起成为国标区位码，简称区位码。区位码指出了该汉字或字符在字符集中的位置，区位码与汉字是一一对应的。例如，汉字“啊”，它的区位码是 16—01，即“啊”位于第 16 区的第 1 位。

汉字的区位码和国标码之间是有联系的，每个汉字的区号和位号加上十进制数 32 或十六进制 20H 后，对应的二进制代码就是它的国标码。例如，“啊”字的区号和位号分别为 16 和 01，区号和位号各加上 32 得 48 和 33，将 48 和 33 各用二进制数表示，分别是 0110000 和 0100001，再把最高位前各加 1 个 0，得十六位二进制数 0011000000100001。将二进制数转换成十六进制数 3021H 就是“啊”字的国标码。也可将区号和位号 16、01 转化为十六进制数 10H 和 01H，直接各加 20H，同样得到“啊”的国标码 3021H。因此，国标码和区位码的关系为国标码=区位码+2020H。

（4）机内码

机内码是在计算机内部进行存储、加工处理及传输时统一使用的代码。每一个汉字被输入计算机后，只有转换为机内码，才能进行处理和传输。

在计算机中，西文字符的机内码直接使用 ASCII，即单字节编码，且高位为 0。为了避免在同时处理汉字和西文字符时发生混淆，将汉字国标码的前后两个字节的最高位置为 1，即为汉字的机内码。例如，"啊"字的国标码为 3021H，对应的二进制数为 0011000000100001，将前后两个字节的最高位置为 1 得 1011000010100001，即十六进制数 B0A1H 是它的机内码。由于每个字节的最高位为 1，而 2^7=128=80H，因此，汉字的机内码和国标码的对应关系为机内码=国标码+8080H。

（5）字形码

字形码是汉字的输出码。输出汉字时采用图形方式，无论汉字的笔画有多少，每个汉字都可以写在同样大小的方块中。通常用 16×16 点阵显示汉字。在点阵中，每个点的信息用一位二进制数表示，"1"表示对应位置处是黑点，"0"表示对应位置处是空白。

1.5 多媒体技术

多媒体技术是 20 世纪 80 年代末兴起并得到迅速发展的一门技术。它使计算机具备了综合处理文字、音频、图像、视频和动画的能力，帮助人们创作了许多丰富多彩、赏心悦目的作品，给人们的生活、工作和学习增添了色彩和乐趣。

1.5.1 多媒体技术的概念

如今，多媒体技术的应用无处不在，无论是使用计算机观看影片、听音乐、制作文档，还是通过互联网与他人视频聊天、召开视频会议等，它们都属于多媒体技术的应用。那么，什么是多媒体技术？多媒体技术有什么特性？下面我们便来寻找这些问题的答案。

1. 多媒体技术的定义

媒体在计算机领域有两种含义：一种指媒质，即存储信息的实体，如硬盘、光盘、U 盘等；另一种指传递信息的载体，如数字、文字、声音、图形、图像等。

国际电信联盟（International Telecommunications Union，ITU）在 1993 年定义了以下几类媒体。

① 感觉媒体（Perception Medium）：指使人直接产生感觉的媒体，如声音、文字、图形、图像和视频等。我们通常说的媒体便是指感觉媒体。

② 表示媒体（Representation Medium）：是为加工、处理和传输感觉媒体而人为构造的一类媒体，它包括各种编码方式，如字符编码、图像编码、音频编码、视频编码等。

③ 表现媒体（Presentation Medium）：指在感觉媒体和用于通信的电信号之间转换的一类媒体。它分为两种：一种是输入表现媒体，如键盘、摄像机、话筒等；另一种是输出表现媒体，如显示器、音箱、打印机等。

④ 存储媒体（Storage Medium）：用于存放表示媒体的物理实体，如硬盘、光盘、U 盘等。

⑤ 传输媒体（Transmission Medium）：用来将媒体从一处传送到另一处的物理传输介质，如双绞线、同轴电缆、光纤、无线电波等。

多媒体（Multimedia）指多种媒体的综合集成与交互。多媒体不仅是指多种媒体本身，还包含处理和应用它的一整套技术，因此"多媒体"与"多媒体技术"是同义词。简而言之，多媒体技术是利用计算机综合处理文本、图形、图像、声音、动画、视频等媒体的技术。

2．多媒体技术的特性

根据多媒体技术的定义可以看出它有几个显著的特征，即多样性、集成性、实时性和交互性。

① 多样性：利用多媒体，人们不仅可以看到文字说明、静止图像，还能观看视频、听到声音等，使信息的表现方式更加丰富。

② 集成性：包括两方面，一方面是把不同媒体设备集成在一起，形成多媒体系统；另一方面是利用多媒体技术将文字、图形、图像、声音、视频等多种媒体信息集成在一起，综合体现它们的应用。

③ 实时性：多媒体技术研究多种媒体的集成，其中声音和视频（或其他活动的图像）都与时间有着密切的关系，这就决定了多媒体技术应支持实时处理，如播放时，声音和视频不能有停顿。

④ 交互性：指参与的各方都可以对多媒体信息进行编辑、控制和传递。多媒体系统一般具有捕捉、编辑、存储、显现和通信功能，用户能够随意控制声音、影像等媒体信息，实现用户和用户之间、用户和计算机之间的双向交流。

3．多媒体信息的特点

多媒体信息被分为多种类型，每种类型有各自的特点。常见的多媒体信息类型有文本、图像、图形、音频、视频、动画等。

① 文本：指中文、英文、符号等各种字符，是计算机文字处理的基础，也是多媒体应用的基础。文本有非格式化与格式化两种形式：非格式化文本的字符大小是固定的，仅能按一种形式和类型使用，不具备排版功能；格式化文本可进行格式编排，如可为文本设置字体、大小、颜色、倾斜、加粗等属性。

② 图像：本质上是一组像素点阵的记录信息，记载着构成图案的各个像素的颜色和亮度等，也称为位图（Bitmap）。图像的分辨率越高，组成图像的点阵就越密，图像文件的尺寸就越大。图像主要是由数字化输入设备（如数码相机、扫描仪等）捕获的实际场景画面，或以数字化形式存储的画面。图像主要用于表现自然景色、人物等，能表现对象的颜色细节和质感。图像的优点是形象、直观、信息量大；缺点是文件的尺寸较大，因此，图像在存储时一般都是经过压缩的。目前，有很多种图像压缩格式，如 TIF、JPEG、GIF 等。

③ 图形：是由诸如直线、曲线、圆或曲面等几何图形形成的，从点、线、面到三维空间的黑白或彩色几何图，也称为矢量图。图形的优点是可以任意放大、缩小而不失真，占用存储空间小；缺点是仅能表现对象结构，无法表现对象质感。

④ 音频：也泛称声音，除语音、音乐外，还包括动物鸣叫声等自然界的各种声音。常用的音频格式有 WAV、MP3 等。无论哪种声音，其本质都是相同的，都是具有振幅和频率的声波。其中，振幅表示声音的强弱，频率表示音调的高低。声音的数据量非常大，故必须进行压缩处理。

⑤ 视频：若干幅内容相互联系的图像连续播放就形成了视频。视频主要源于摄像机拍摄的连续自然场景画面。视频有两个主要参数：帧速，每秒钟播放的静止画面数，单位为 FPS，一般来说，只要帧速达到 16FPS，视频的效果就可令人满意；数据量，视频未经压缩的数据量为帧速乘以每幅图像数据量，通过压缩，数据量可减小为原来的几十分之一甚至更小。

⑥ 动画：与视频类似，动画也是由多幅连续的、相互关联的画面构成的，每幅画面称为"帧（Frame）"。通过计算机制作的动画有两种，一种称为造型动画，另一种称为帧动画。其中，造型动画每帧由图形、声音、文字等造型元素组成，由脚本控制角色的表演和行为；帧动画是由一幅幅连续画面组成的图像序列。

1.5.2　多媒体数据压缩编码技术

数据压缩是通过减少计算机中存储数据或者通信传播中数据的冗余度，达到增大数据密度，最终使数据的存储空间减少的技术。下面分别介绍音频、图像、视频压缩编码和文件格式。

1. 音频压缩编码和文件格式

将量化后的数字声音信号直接存入计算机会占用大量的存储空间。在多媒体音频信号处理中，一般需要对数字化后的声音信号进行压缩编码，使其成为具有一定字长的二进制数字序列，以减少音频的数据量，从而在计算机内传输和存储。按照压缩原理的不同，音频压缩编码可分为 3 种，即波形编码、参数编码和混合型编码。

① 波形编码主要利用音频采样值的幅度分布规律和相邻采样值间的相关性进行压缩，使重构的声音信号的各个样本尽可能地接近原始声音的采样值。这种编码保留了信号原始采样值的细节变化，即保留了声音信号的各种过渡特征，因而复原的声音质量较高。波形编码技术有脉冲编码调制（Pulse Code Modulation，PCM）、自适应增量调制（Adaptive Delta Modulation，ADM）和自适应差分脉冲编码调制（Adaptive Differential Pulse Code Modulation，ADPCM）等。

② 参数编码是一种对语音参数进行分析合成的方法。语音的基本参数是基音周期、共振峰、语音谱、声强等。如果得到这些参数，就可以不对波形进行编码，只要记录和传输这些参数就能实现声音数据的压缩。

③ 混合型编码是一种在保留参数编码的基础上，引用波形编码优化激励源信号的方法。

音频文件格式指在计算机中存储音频文件的方式。采用不同压缩编码的音频文件，在计算机中的存储格式、文件大小和音质也不相同。下面介绍一些常见的音频编码和文件格式。

① PCM：即脉冲编码调制，指模拟音频信号经过采样、量化后直接形成数字音频信号，未经过任何压缩处理。PCM 最大的优点是音质好，最大的缺点是体积大。在计算机应用中，能够达到音频最高保真水平的编码就是 PCM。例如，常见的 WAV 格式音频文件，以及 Audio CD 都采用了 PCM。

② WAV 格式（*.wav）：基于 PCM 的 WAV 格式是音质最好的音频文件格式。Windows 操作系统中大多数的音频软件提供对它的支持。此外，由于 WAV 格式的音频音质很好，因此它是音乐编辑创作的首选格式，适合保存音频素材。WAV 格式的缺点是对存储空间需求较大，不便于保存和传播。

③ MP3 格式（*.mp3）：使用 MP3 或 MP3PRO 编码。MP3 编码是目前最普及的

音频压缩编码，可以在 12:1 的压缩比下保持较好的音质；MP3PRO 编码是对传统 MP3 编码的一种改良，它最大的特点是在低码率下保持非常好的音质。MP3 格式的音频文件还支持流技术（边下载边播放），可以在线播放。

④ WMA 格式（*.wma）：是使用 Windows Media Audio 编码后的文件格式，由微软公司开发，其压缩比一般可以达到 18:1。WMA 格式支持防复制功能，可以限制播放时间和播放次数等，从而防止盗版；WMA 格式还支持流技术，可以在线播放。

⑤ RealAudio 格式（*.ra）：RealAudio 是由 Real Networks 公司推出的一种音频文件格式，它支持多种音频编码，最大的特点是可以实时传输音频信息，尤其是在网速较慢的情况下仍然可以较为流畅地传送数据，提供足够高的音质让用户在线聆听，因此 RealAudio 主要适用于在线播放。

⑥ AIFF 格式（*3£或*奇£0）：是苹果公司开发的音频文件格式。AIFF 虽然是一种优秀的文件格式，但由于它主要应用在 macOS 系统上，并没有在其他操作系统上流行。

⑦ OGG 格式（*.ogg）：使用 Ogg Vorbis 编码，它可以在相对较低的码率下实现比 MP3 更好的音质，但不被大多数音频软件支持。

⑧ APE 格式（*.ape）：使用 APE 编码。APE 编码是一种无损音频编码，可以达 50%～70%的压缩率。

2．图像压缩编码和文件格式

JPEG 标准是 ISO 和国际电工委员会联合图像专家组制定的静止图像压缩标准，是适用于连续色调（包括灰度和彩色）静止图像压缩算法的国际标准。JPEG 算法共有 4 种，其中一种是差分脉冲编码调制（Differential Pulse Code Modulation，DPCM）的无损压缩算法，另外 3 种是基于离散余弦变换（Discrete Cosine Transform，DCT）的有损压缩算法。

JPEG2000 与 JPEG 相比，JPEG2000 的压缩率比 JPEG 高约 30%。JPEG2000 与传统 JPEG 最大的不同在于它放弃了 JPEG 采用的以 DCT 为主的分块编码方式，改为以小波变换为主的多分辨率编码方式。

图形图像在多媒体作品中的应用非常广泛。为了适应不同的应用，图形图像可以以多种格式存储。下面介绍一些常见的图形图像格式。

① BMP 格式：是 Windows 操作系统中"画图"程序的标准文件格式，它与大多数操作系统的应用程序兼容。由于该格式采用的是无损压缩，因此，其优点是图像完全不失真，缺点是图像文件占用的存储空间较大。

② JPEG 格式：以较高的压缩比例保存图像（可选择压缩比例）。虽然它采用的是具有破坏性的压缩算法，但图像质量损失不大，通常用于存储自然风景照、人和动物的各种彩照、大型图像等。

③ GIF 格式：最多可包含 256 种颜色，颜色模式为索引颜色模式，文件占用的存储空间较小，支持透明背景，且支持多帧，特别适合作为网页图像或网页动画。

④ PNG 格式：兼有 GIF 和 JPEG 的特点，采用无损压缩方式缩小文件的大小，提高了图像的显示速度，并能保存图像的透明信息。

⑤ TIFF 格式：是一种应用非常广泛的图像文件格式，几乎所有的扫描仪和图像处理软件都提供对它的支持。TIFF 格式分压缩和非压缩两大类。

⑥ PSD 格式：是 Photoshop 专用的图像文件格式，可保存图层、通道等信息。PSD 格式的优点是保存的信息量大，便于修改图像；缺点是文件占用的存储空间较大。

⑦ WMF 格式：是一种矢量图形文件格式，文件尺寸很小，可以在 CorelDRAW、Illustrator 等软件中使用。

⑧ CDR 格式：是 CorelDRAW 软件专用的文件格式，其他图形、图像编辑软件无法编辑此类文件。CDR 格式可以同时保存矢量图形和位图对象，因此它是一种混合文件格式。

⑨ AI 格式：是 Illustrator 软件专用的矢量图形文件格式。

3．视频压缩编码和文件格式

在制作影视作品的过程中，经常会发现有些视频文件无法被导入编辑软件或导入后出现播放不正常的问题。一般情况下，这些问题都是由视频的编码引起的。那么什么是视频编码呢？

所谓视频编码就是使用特定技术对视频进行压缩，以在尽量不损害播放效果的情况下减少其存储空间的一种技术。常见的视频编码标准有运动图像专家组（Motion Picture Experts Group，MPEG）制定的 MPEG 系列标准、国际电信联盟电信标准部门（ITU Telecommunication Standardization Sector，ITU-T）主导制定的 H.26x 系列标准、Real-Networks 公司的 RealVideo、微软公司的 WMV 和 VC-1、苹果公司的 QuickTime 等。

下面主要介绍常用的 MPEG 和 H.26x 系列编码标准。

（1）MPEG 系列标准

到目前为止，已经公布的 MPEG 标准主要有 MPEG-1/2/4/7/21/B，其中，MPEG-1、

MPEG-2 和 MPEG-4 标准已经得到广泛应用。

MPEG-1：是低分辨率数字视频编码标准，典型应用为 VCD，目前基本被淘汰。

MPEG-2：是高分辨率数字视频编码标准。与 MPEG-1 相比，MPEG-2 提高了视频的分辨率，满足了用户高清晰度的要求，但由于其对视频的压缩性能并没有提高，视频存储容量太大，不适合网络传输。MPEG-2 编码的典型应用为数字通用光碟（Digital Versatile Disc，DVD）、高清电视等。

MPEG-4：采用更先进的压缩技术，使用它编码的视频无论清晰度还是压缩率都比 MPEG-1 和 MPEG-2 有显著提高，更适合网络传输。另外，MPEG-4 可以方便地动态调整帧速率和比特率，以降低视频大小。

（2）H.26x 系列编码标准

H.26x 系列编码标准包括 H.261、H.262、H.263 和 H.264，其中应用最广泛的是 H.264。

H.261：是第一个实用的数字视频编码标准，目前已被淘汰。

H.262：在技术内容上和 MPEG-2 编码标准一致。

H.263：主要是为低码流设计的，在低码流下能够提供比 H.261 更好的图像效果。

H.264：也被称为 MPEG-4/AVC，它是在 MPEG-4 标准的基础上由 MPEG 和 ITU-T 联合制定的。H.264 最大的优势是具有很高的数据压缩比，在同等图像质量的条件下，H.264 的压缩比是 MPEG-2 的 2 倍以上，是 MPEG-4 的 1.5～2 倍。

例如，若原始文件的大小为 88GB，采用 MPEG-2 标准压缩后变成 3.5 GB，压缩比约为 25:1；而采用 H.264 标准压缩后变为 879 MB，压缩比约为 102:1。H.264 在具有高压缩比的同时还拥有高质量、流畅的图像。

视频文件格式与视频编码是不同的概念，但二者有一定的联系。视频文件格式指对编码后的视频流进行封装的方式。采用相同编码的视频流可以使用不同的方式进行封装。

下面介绍一些常见的视频文件格式。

① AVI 格式：是微软公司推出的视频文件格式，可封装多种编码的视频流，如 DivX、XviD（这两种编码属于 MPEG-4 编码的变种）、RealVideo、H.264、MPEG-2 和 VC-1 等。

② MKV 格式：与 AVI 格式一样，可封装多种编码的视频流，被誉为万能封装器。

③ MPG 格式：是 MPEG 编码的默认视频文件格式。

④ MOV 格式：是苹果公司开发的音视频文件格式，常用来封装 QuickTime 编码的视频流，可以提供体积小、质量高的视频。

⑤ WMV 格式：是微软公司主推的一种网络视频文件格式，具有很高的压缩比，适合在网上播放和传输。

⑥ RM/RMVB 格式：用来封装采用 RealVideo 编码的音视频流，优点是具有很高的压缩比，缺点是多数视频编辑软件不支持 RealVideo 编码，需要转码才能使用。

⑦ TS 格式：是高清视频专用的封装容器，多见于原版的蓝光、HD DVD 转换的视频影片，这些影片一般采用 H.264、VC-1 等视频编码。

⑧ MP4 格式：目前广泛应用于封装 H.264 视频和 ACC 音频。

⑨ 3GP 格式：相当于 MP4 格式的简化版本，但文件体积更小，是手机上经常使用的视频文件格式。3GP 格式支持多种视频编码，如 H.263、H.264 和 MPEG-4 等。

课后习题

一、单项选择题

1．被称为"计算机之父"的是（　　　）。

A．冯·诺依曼　　　　　　　　　B．艾伦·麦席森·图灵

C．赫伯特·亚历山大·西蒙　　　D．范内瓦·布什

2．最早实现存储程序功能的计算机是（　　　）。

A．ENIAC　　　　B．EDSAC　　　　C．EDVAC　　　　D．VNIVA

3．在计算机内部，一切信息存取、处理和传递的形式是（　　　）。

A．ASCII 码　　　B．BCD 码　　　C．二进制码　　　D．十六进制码

4．以下不是多媒体技术的特性是（　　　）。

A．单一性　　　　B．集成性　　　　C．实时性　　　　D．交互性

5．"死机"是指（　　　）。

A．计算机读数状态　　　　　　　B．计算机运行不正常状态

C．计算机自检状态　　　　　　　D．计算机处于运行状态

6．在下列设备中，属于输出设备的有（　　　）。

A．键盘　　　　　B．绘图仪　　　　C．鼠标　　　　　D．扫描仪

7. 以下属于视频文件格式的是（   ）。

A. MP4   B. JPG   C. PNG   D. GIF

8. 下列各种进制的数据中最小的数是（   ）。

A. $(101001)_2$ B. $(53)_8$ C. $(2B)_{16}$ D. $(44)_{10}$

9. 机内码的对应关系是（   ）。

A. 机内码=国标码+8080H   B. 机内码=汉字码+8080H

C. 机内码=区位码+8080H   D. 机内码=输入码+8080H

10. 将十进制数 43.625 转换为二进制数是（   ）。

A. 101011.101   B. 101000.101

C. 010111.101   D. 010111.101

二、多项选择题

1. 下列（   ）是二进制数。

A. 101101   B. 000000   C. 111111   D. 212121

2. 计算机软件系统包括（   ）两部分。

A. 系统软件   B. 编辑软件   C. 实用软件   D. 应用软件

3. 将十六进制数 A6.3C 转换成二进制数是（   ）。

A. 11100110.110000   B. 10100110.001111

C. 1010111.001111   D. 01100110.001111

4. 计算机指令的组成包括（   ）。

A. 原码   B. 操作码   C. 地址码   D. 补码

5. 计算机语言按其发展历程可分为（   ）。

A. 低级语言   B. 机器语言   C. 汇编语言   D. 高级语言

三、填空题

1. 到目前为止，计算机的基本结构基于存储程序思想，这最早是由_____提出的。

2. 计算机硬件的最小配置包括主机、键盘和_____。

3. 计算机中，用来存储信息的最基本单位是_____。

4. 无符号二进制整数 10101101 等于十进制数_____，等于十六进制数_____，等于八进制数_____。

5. 已知大写字母 D 的 ASCII 码值为 68，那么小写字母 d 的 ASCII 码值为_____。

第2章 计算机系统构成

【知识目标】

掌握计算机系统的结构及组成部分。

【技能目标】

1. 了解计算机的工作原理。

2. 能够辨别计算机的各个硬件部分。

【素质目标】

具有良好的自主学习能力。

2.1 计算机系统概述

信息产业的主要技术平台都是以中央处理器（Central Processing Unit，CPU）和操作系统为核心构建起来的，如英特尔公司 X86 架构的 CPU 和微软公司的 Windows操作系统构成 Wintel 平台，ARM 公司 ARM 架构的 CPU 和谷歌公司的 Android 操作系统构成"AA"平台。

计算机系统结构的研究内容涉及的领域非常广泛，以 CPU 为核心，从下到上依次为晶体管、硬件系统、操作系统、应用程序，如图 2.1 所示。

注意把这 4 个层次联系起来的 3 个界面。第一个界面是 API（Application Programming Interface，应用程序接口），也可以称作"操作系统的指令系统"，介于应用程序和操作系统之间。常见的 API 包括 C 语言接口、Java 语言接口、JavaScript 语言接口等。使用一种 API 编写的应用程序经重新编译后可以在支持该 API 的不同计算机操作系统上运行。所有应用程序都是通过 API 编写的，API 做得越好，App（Application）就越多。API 是建立生态的起点。第二个界面是 ISA（Instruction Set Architecture，指令集体系结构），介于操作系统和硬件系统之间。常见的 ISA 包括 X86、ARM、MIPS、RISC-V 等。ISA 是实现目标码兼容的关键，它除了实现加、减、乘、除等操作的指令外，还实现系统状态的切换、地址空间的安排、寄存器的设置、中断的传递等内容。第三个界面是工艺模型，介于硬件系统与晶体管之间。工艺模型是芯片生产厂家提供给芯片设计者的界面，除了表达晶体管和连线等基本参数的 SPICE（Simulation Program with Integrated Circuit Emphasis，仿真电路模拟器）模型外，该工艺所能提供的各种 IP 也非常重要，如实现 PCIE 接口的物理层（简称 PHY）等。

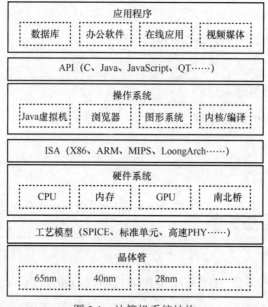

图 2.1　计算机系统结构

2.2　冯·诺依曼结构

现在的大多数计算机都采用存储程序结构，又称为冯·诺依曼结构，它是冯·诺依曼受 ENIAC 计算机结构的启发，在 1945 年提出的，是世界上第一个完整的计算机体系结构。

冯·诺依曼结构的主要特点有以下几个。

① 计算机由控制器、运算器、存储器、输入设备和输出设备 5 部分组成，其中

运算器和控制器合称为 CPU。

② 存储器用于存储程序和数据。

③ 采用存储程序方式，指令和数据不加区别存储在同一个存储器中。

④ 控制器控制数据在 CPU、输入/输出（Input/Output，I/O）设备、存储器之间传输。

⑤ 运算器是数据计算中心，用于计算数据。

冯·诺依曼结构的工作原理如图 2.2 所示。

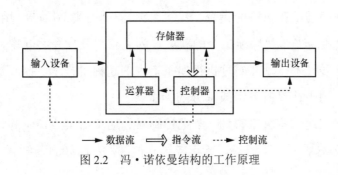

图 2.2　冯·诺依曼结构的工作原理

计算机除了冯·诺依曼结构还有其他结构，如依靠数据驱动的数据流计算机、图归约计算机等。经过长期的发展，占据计算机系统主要地位的仍然是以存储程序和指令驱动执行为主要特点的冯·诺依曼结构。

2.3 运算器

运算器是计算机中负责计算的部件。运算器包括算术和逻辑运算部件、移位部件、浮点运算部件、向量运算部件、寄存器等。运算器可以进行加、减、乘、除、开方等运算。寄存器可保存数据和保存地址。

运算器最初只有简单的定点加、减和基本逻辑运算，到后来可以进行复杂的运算，如乘、除。通过加、减、移位指令构成的数学库完成后，逐渐出现硬件定点乘法器和除法器。现代的通用微处理器则普遍包含完整的浮点运算部件。从 20 世纪 90 年代开始，微处理器中出现向量运算器和超越函数硬件运算单元，可进行如 sin、cos、exp、log 等运算。

随着晶体管集成度的不断提升，处理器集成的运算器的数量也持续增加。摩尔定律指出，当价格不变时，集成电路上可容纳的元器件的数目每隔 18～24 个月便会增加一倍，性能也将提升一倍。处理器中包含的运算单元数目也逐渐增加，从早期的单个运算单元逐渐增加到多个运算单元。

2.4 控制器

控制器通过控制指令流和每条指令的执行来控制计算机各部件自动、协调地工作。控制器包括程序计数器和指令寄存器等，程序计数器存放当前执行指令的地址，指令寄存器存放当前正在执行的指令。指令通过译码产生控制信号，用于控制运算器、存储器、I/O 设备的工作及后续指令的获取。为了获得高指令吞吐率，可以采用指令重叠执行的流水线技术，以及同时执行多条指令的超标量技术。控制器还产生一定频率的时钟脉冲，用于计算机各组成部分的同步。

由于控制器和运算器关系密切，常把控制器和运算器集成在一起，即 CPU。现代 CPU 除了含有运算器和控制器外，还集成了其他部件，比如高速缓存（Cache）部件、内存控制器等。

2.5 存储器

存储器用于存储程序和数据，CPU 可以直接访问它，I/O 设备也频繁地与它交换数据。存储器的读取速度比 CPU 处理速度慢很多，因此存储系统分为主存储器、辅助存储器和 Cache 3 个层次。计算机主板上的存储器又称主存储器或内存，一般采用动态随机存储器（Dynamic Random Access Memory，DRAM）。高速存储器价格比较昂贵，为扩大存储器容量，使用磁盘、磁带、光盘等能存储大量数据的存储器作为辅助存储器。计算机运行时所需的应用程序、系统软件和数据等都先存放在辅助存储器中，在运行过程中分批调入主存储器。CPU 访问辅助存储器时，面对的是一个高速、大容量的存储器。Cache 存放当前 CPU 最频繁访问的主存储器内容，可以采用比动态随机存储器速度快但容量小的静态随机存储器（Static Random Access Memory，SRAM）实现。计算机中还有少量只读存储器（Read Only Memory，ROM），存放引导程序和基本输入/输出系统（Basic Input/Output System，BIOS）等。

存储器的主要评价指标为存储容量和访问速度。存储容量越大，可以存放的程序和数据越多。访问速度越快，处理器访问的时间越短。相同容量的存储器，速度越快的存储介质成本越高，而成本越低的存储介质则速度越低。目前，人们发明的用于计算机系统的存储介质主要包括以下几类。

① 磁性存储介质。如硬盘、磁带等，特点是存储密度高、成本低、断电后数据可长期保存，缺点是访问速度慢。

② 闪存（Flash Memory）。断电后数据可长期保存，访问速度比磁盘快，成本高，容量小。

③ 动态随机存储器。断电后数据丢失，存储密度较高，访问速度较快。

④ 静态随机存储器。断电后数据丢失，存储密度比 DRAM 低，访问速度比 DRAM 快。

现代计算机把上述不同的存储介质组成存储层次，如图 2.3 所示。存储层次中的寄存器和主存储器直接由指令访问，缓存主存储器的部分内容；而非易失存储器既是辅助存储器，又是 I/O 设备。非易失存储器的内容由操作系统负责调入/调出主存储器。

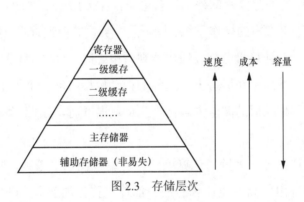

图 2.3　存储层次

存储层次的有效性，依赖于程序的访存局部性原理，包含两个方面：一是时间局部性，指的是如果一个数据被访问，那么在短时间内很有可能被再次访问；二是空间局部性，指的是如果一个数据被访问，那么它的邻近数据也很有可能被访问。利用局部性原理，可以把程序近期可能用到的数据存放在靠上的层次，把近期内不会用到的数据存放在靠下的层次。通过恰当地控制数据在层次间的移动，处理器需要访问的数据尽可能地出现在靠近处理器的存储层次，可以大大提高处理器获得数据的速度，从而近似达到用最快的存储器构建一个容量很大的单级存储的效果。现代计算机一般使用多端口寄存器堆实现寄存器，使用 SRAM 构建片上的 Cache，使用 DRAM 构建程序的主存储器（也称为主存、内存），使用磁盘或闪存构建大容量的存储器。

2.6 I/O 设备

I/O 设备实现计算机与外部世界的信息交换。传统的 I/O 设备有键盘、鼠标、打印机和显示器等；新型的 I/O 设备能进行语音、图像、影视的输入、输出和手写体文字输入，并支持计算机之间通过网络进行通信。图形处理单元（Graphics Processing Unit，GPU）和闪存在计算机中也当作 I/O 设备来管理。

处理器通过读写 I/O 设备控制器中的寄存器来访问及控制 I/O 设备。高速 I/O 设备可以在处理器安排下直接与主存储器成批交换数据，称为直接存储器访问（Directly Memory Access，DMA）。处理器可以通过查询设备控制器状态与 I/O 设备进行同步，也可以通过中断与 I/O 设备进行同步。

1. GPU

GPU 是与 CPU 联系最紧密的外部设备之一，主要用来处理 2D 和 3D 的图形、图像和视频，以支持基于视窗的操作系统、图形用户界面、视频游戏、可视化图像应用和视频播放等。当我们在计算机上打开播放器观看电影时，GPU 负责将压缩后的视频信息解码为原始数据，并显示在屏幕上；当我们拖动鼠标移动一个程序窗口时，GPU 负责计算移动过程中和移动后的图像内容；当我们玩游戏时，GPU 负责计算并生成游戏画面。

现代 GPU 内部包含了大量的计算单元，可编程性越来越强，除了用于图形图像处理外，越来越多地用作高性能计算的加速部件，称为加速卡。GPU 与 CPU 之间存在大量的数据传输。CPU 将需要显示的原始数据放在内存中，让 GPU 通过 DMA 的方式读取数据，经过解析和运算，将结果写至显存中，再由显示控制器读取显存中的数据并输出显示。将 GPU 与 CPU 集成至同一个处理器芯片时，CPU 与 GPU 内存一致性维护的开销和数据传递的时延都会大幅降低。此时系统内存需要承担显存的任务，访存压力也会大幅增加，因为图形应用具有天生的并行性，GPU 可以轻松地耗尽有限的内存带宽。

GPU 集成了专用的硬件电路来实现特定功能，同时也集成了大量可编程的计算处理核心用于实现一些较为通用的功能。大部分 GPU 中的顶点读入、图元装配、光栅化及逐像素操作通过专用硬件电路实现，而顶点渲染和像素渲染采用可编程的计算处理核心实现。由于现代 GPU 中集成了大量可编程的计算处理核心，这种大规模并行的计算模式非常适合于科学计算应用，所以在高性能计算机领域，GPU 常被用作计算加速单元配合 CPU 使用。

2．闪存

闪存（Flash Storage）是一种半导体存储器，它和磁盘一样是非易失性的存储器，但是它的访问延迟却只有磁盘的千分之一到百分之一，而且它尺寸小、功耗低、抗震性更好。常见的闪存有 SD 卡、U 盘和 SSD 固态磁盘等。与磁盘相比，闪存的每 GB 价格较高，因此容量一般相对较小。目前，闪存主要应用于移动设备中，如移动电话、数码相机、MP3 播放器，主要原因在于它的体积较小。闪存在移动市场具有很强的应用需求，工业界投入了大量财力推动闪存技术的发展。随着技术的发展，闪存的价格在快速下降，容量在快速增加，因此 SSD 固态硬盘技术获得了快速发展。SSD 固态硬盘是使用闪存构建的大容量存储设备，它模拟硬盘接口，可以直接通过硬盘的 SATA 总线与计算机相连。

使用闪存技术构建的永久存储器存在一个问题，即闪存的存储单元随着擦写次数的增多存在损坏的风险。为了解决这个问题，大多数 NAND 型闪存产品内部的控制器采用地址块重映射的方式来分布写操作，目的是将写次数多的地址转移到写次数少的块中，该技术被称为磨损均衡。闪存的平均擦写在 10 万次左右，闪存产品内部的控制器还能屏蔽制造过程中损坏的块，从而提高良品率。

2.7　计算机软件系统

计算机软件系统按功能可分为系统软件和应用软件两大类。

1．系统软件

系统软件是指管理、控制和维护计算机及其外部设备，提供用户与计算机之间操作界面等的软件，它并不专门针对具体的应用问题。代表性的系统软件有操作系统、数据库管理系统、语言的编译系统和各种实用程序，其中最重要的是操作系统。

① 操作系统是最基本的系统软件，是用于管理和控制计算机所有软、硬件资源的一组程序。操作系统直接运行在裸机上，其他的软件（包括系统软件和大量的应用软件）都是建立在操作系统基础上并得到它的支持和取得它的服务的。操作系

统是计算机硬件与其他软件的接口，也是用户和计算机之间的接口。操作系统的功能有处理机管理、存储管理、设备管理、信息管理等。操作系统的性能很大程度上决定了整个计算机系统的性能。操作系统根据与用户对话的界面不同，可以分为命令行界面操作系统和图形用户界面操作系统；以能够支持的用户数为标准，可以分为单用户操作系统和多用户操作系统；以是否能够运行多个任务为标准，可以分为单任务操作系统和多任务操作系统；以系统单功能为标准，可以分为批处理系统、分时操作系统、实时操作系统、网络操作系统。

②　数据库管理系统。计算机的效率主要是指数据处理的效率。数据库管理系统的功能是有组织地、动态地存储大量的数据信息，使用户能方便地、高效地使用这些数据信息。数据库软件体系包括数据库、数据库管理系统和数据库系统 3 个部分。数据库是为了满足一定范围中许多用户的需要，在计算机中建立的一组互相关联的数据集合。数据库管理系统是指对数据库中数据进行组织、管理、查询并提供一定处理能力的系统软件。它是数据库系统的核心组成部分，为用户或应用程序提供了访问数据库的方法，数据库的一切操作都是通过数据库管理系统进行的。数据库系统是由数据库、数据库管理系统、应用程序、数据库管理员、用户等构成的人机系统。数据库管理员是专门从事数据库建立、使用和维护的工作人员。数据库管理系统是位于用户（或应用程序）和操作系统之间的软件。数据库管理系统是在操作系统支持下运行的，借助操作系统实现对数据的存储和管理，使数据能被各种不同的用户共享，保证用户得到的数据是完整的、可靠的。数据库管理系统与用户之间的接口称为用户接口。数据库管理系统给用户提供可使用的数据库语言。

③　语言的编译系统。计算机在执行程序时，首先要将存储在存储器中的程序指令逐条地取出来，并经过译码后向计算机的各部件发出控制信号，使其执行规定的操作。计算机的控制装置能够识别的指令是用机器语言编写的，而用机器语言编写一个程序并不是一件容易的事。绝大多数用户都是用某种程序设计语言（即高级语言），如 BASIC 语言、C 语言等编写程序。但是用这些高级语言编写的程序 CPU 不认识，必须要经过翻译变成机器指令后才能被计算机执行。负责翻译的程序称为编译程序。为了在计算机上执行由某种高级语言编写的程序，就必须配置该种语言的编译系统。

④　实用程序。实用程序完成一些与管理计算机系统资源及文件有关的任务，如诊断程序、反病毒程序、卸载程序、备份程序、文件解压缩程序等。

2．应用软件

应用软件是指专门为解决某个应用领域内的具体问题而编写的软件（或实用程序）。应用软件一般不能独立地在计算机上运行，必须要有系统软件的支持。应用软件特别是各种专用软件包经常是由软件厂商提供的。常见的应用软件有以下几类。

① 文字处理软件：用于输入、存储、修改、编辑、打印文字资料（文件、稿件等）。常用的有 WPS、Word 等。

② 信息管理软件：用于输入、存储、修改、检索各种信息。例如，工资管理系统、人事管理系统等。这种软件发展到一定水平后，可以将各个单项软件联接起来，构成一个完整的、高效的管理系统，即管理信息系统（Management Information System，MIS）。

③ 计算机辅助设计软件：用于高效地绘制、修改工程图纸，进行常规的设计和计算，帮助用户寻求较优的设计方案。常用的有 AutoCAD 等。

④ 实时控制软件：用于随时收集生产装置、飞行器等的运行状态信息，并以此为根据按预定的方案实施自动或半自动控制，从而安全、准确地完成任务或实现预定目标。

课后习题

1．通用计算机系统结构有哪几层？

2．冯·诺依曼结构的主要特点有哪些？

3．运算器包括哪几个部件？

4．存储器的主要评价指标有哪些？

5．计算机软件系统按功能可分为哪两大类？

第 3 章　计算机操作系统

【知识目标】

1. 掌握操作系统的基本知识。

2. 掌握 Windows 10 的基本操作。

3. 掌握 Windows 10 的控制面板的操作。

【技能目标】

1. 培养学生逻辑思维能力。

2. 培养学生动手操作能力。

【素质目标】

1. 具有良好的职业道德，爱岗敬业精神和责任意识。

2. 认识自身发展的重要性，制订继续发展的目标。

3.1　操作系统基础

3.1.1　操作系统的基本概念

操作系统（Operating System）是计算机中的一个系统软件，是一些程序模块的集合——它们能以尽量有效的方式组织和管理计算机的软硬件资源，合理地组织计算机的工作流程，控制程序的执行并向用户提供各种服务功能，使用户能够灵活、方便、有效地使用计算机，使整个计算机系统能高效地运行。

在计算机中，操作系统是最基本也是最重要的系统软件。从计算机用户的角度来说，操作系统体现为提供的各项服务；从程序员的角度来说，其主要是指用户登录的页面或者接口；从设计人员的角度来说，其是指各式各样模块和单元之间的联系。事实上，操作系统的设计和改良的关键是对体系结构的设计。经过几十年的发展，操作系统已经由一开始的简单控制循环体发展成较为复杂的分布式操作系统，再加上用户需求愈发多样化，操作系统已经成为既复杂又庞大的计算机软件系统之一。

3.1.2 操作系统的基本功能

操作系统的基本功能有以下几个。

① 处理器管理功能。处理器是完成运算和控制的设备。当多个程序运行时，每个程序都需要一个处理器，而一般计算机中只有一个处理器。操作系统的一个功能就是安排处理器的使用权，也就是说，在每个时刻处理器分配给哪个程序使用是由操作系统决定的。

② 存储器管理功能。计算机的内存中有成千上万个存储单元，都存放着程序和数据。何处存放哪个程序、何处存放哪个数据都是由操作系统统一安排与管理的。

③ 设备管理功能。计算机系统配有各种各样的外部设备。操作系统采用统一管理模式，自动处理内存和设备间的数据传递，从而降低用户设计输入/输出程序的难度。

④ 作业管理功能。每个用户请求计算机系统完成的一个独立的操作称为作业。作业管理包括作业的输入和输出，作业的调度与控制（根据用户的需要控制作业运行的步骤）。

⑤ 文件管理功能。计算机系统中的程序或数据存放在相应的存储介质中。为了便于管理，操作系统将相关的信息集中在一起，称为文件。操作系统的文件管理功能就是负责文件的存储、检索、更新、保护和共享。

3.1.3 操作系统的分类

操作系统根据用途的不同分为不同的种类。从功能角度分类，操作系统有实时系统、分时系统、批处理系统、网络操作系统等。

1．实时系统

实时系统主要是指系统可以快速地对外部命令进行响应，在对应的时间里处理问题，协调系统工作。

2．分时系统

分时系统可以实现人机交互需求，多个用户共同使用一台计算机，在很大程度上节约了资源成本。分时系统具有多路性、独立性、交互性、及时性的优点，能够实现用户–系统–终端任务。

3．批处理系统

批处理系统出现于 20 世纪 60 年代，它能够提高资源的利用率和系统的吞吐量。

4．网络操作系统

网络操作系统是一种能代替单机操作系统的软件程序，是网络的心脏和灵魂，是向网络计算机提供服务的特殊的操作系统。

3.2　Windows 10 的基本操作

3.2.1　启动与退出 Windows 10

1．启动 Windows 10

开启显示器和主机的电源开关，Windows 10 将载入内存，并开始对计算机的主板和内存等进行检测，系统启动完成后进入 Windows 10 欢迎界面。若只有一个用户且没有设置用户密码，则直接进入系统桌面。如果有多个用户且设置了用户密码，则需要选择用户并输入正确的密码才能进入系统桌面。

2．认识 Windows 10 桌面

打开计算机进入的第一个界面，就是 Windows 10 的桌面，它由桌面图标、桌面背景和任务栏构成，如图 3.1 所示。

3．退出 Windows 10

计算机操作结束后需要退出 Windows 10，其方法为：保存文件或数据，关闭所有打开的应用程序。单击"开始"按钮，在打开的菜单中单击电源按钮，然后选择"关机"选项，如图 3.2 所示。

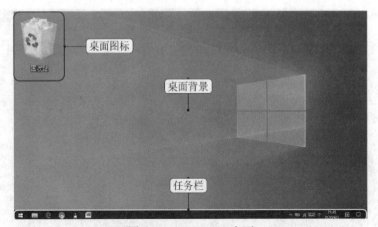

图 3.1　Windows 10 桌面

图 3.2　退出 Windows 10

3.2.2　调整"开始"屏幕中磁贴的大小

　　Windows 10"开始"列表右侧的"开始"屏幕上包含很多磁贴。磁贴的大小并不是固定不变的，用户可自行进行调整，其方法为：在磁贴上单击鼠标右键，在弹出的快捷菜单中选择"调整大小"选项，再选择相应的大小选项，如图 3.3 所示。

图 3.3　调整"开始"屏幕中磁贴的大小

3.2.3　将应用程序固定到任务栏中

在"开始"列表的选项或"开始"屏幕的磁贴上单击鼠标右键，在弹出的快捷菜单中选择"更多"→"固定到任务栏"，就可以将应用程序固定到任务栏，如图 3.4 所示。

图 3.4　将应用程序固定到任务栏

3.2.4　在桌面上添加系统图标

以添加"此电脑"和"控制面板"系统图标为例，有以下几个步骤。

步骤 1：在桌面空白处单击鼠标右键，在弹出的快捷菜单中选择"个性化"。

步骤 2：进入"个性化"窗口，如图 3.5 所示，在左侧选择"主题"，在右侧"相关的设置"中单击"桌面图标设置"。

图 3.5　"个性化"窗口

步骤 3：打开"桌面图标设置"对话框，如图 3.6 所示，首先在底部勾选"允许主题更改桌面图标"复选框，然后在"桌面图标"栏中勾选"计算机"和"控制面板"复选框，最后单击"确定"按钮。

图 3.6　"桌面图标设置"对话框

步骤 4：在桌面上可看到添加的"此电脑"（Windows 10 将添加的"计算机"系统图标默认显示为"此电脑"）和"控制面板"系统图标，如图 3.7 所示。

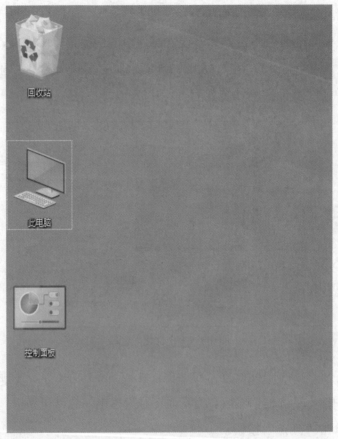

图 3.7　添加的系统图标

3.2.5　添加快捷方式

以添加"腾讯 QQ"快捷方式为例，有以下几个步骤。

步骤 1：单击"开始"按钮，打开"开始"菜单，在"开始"列表的顶部单击"最近添加"选项。

步骤 2：打开拼音搜索面板，单击与"腾讯"拼音首字母对应的"T"，列表快速显示出以"T"开头的应用程序或应用程序所在的文件夹。

步骤 3：单击"腾讯软件"文件夹，在"腾讯 QQ"应用程序上单击鼠标右键，选择"更多"→"打开文件位置"，如图 3.8 所示。

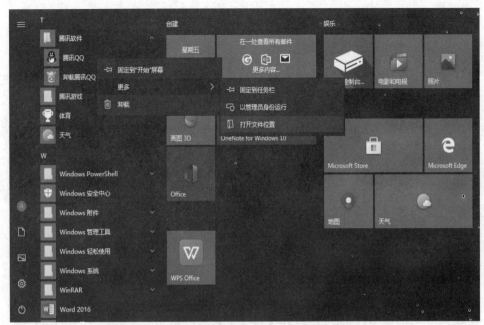

图 3.8 选择"打开文件位置"

步骤 4：右击"腾讯 QQ"，选择"创建快捷方式"。

3.3 Windows 10 的控制面板

3.3.1 Windows 10 的文件管理

1. 文件管理的相关概念

（1）硬盘分区与盘符

硬盘分区是指将硬盘划分为几个独立的区域，更加方便存储和管理数据，一般在安装系统时会对硬盘进行分区。盘符是 Windows 系统对于磁盘存储设备的标识符，一般使用 26 个英文字符加上一个冒号":"来标识，如"本地磁盘（C:)"，"C"就是该盘的盘符。

（2）文件

文件是指保存在计算机中的各种信息和数据，计算机中的文件类型很多，如文档、表格、图片、音乐和应用程序等。在默认情况下，文件在计算机中是以图标形式显示的，它由图标和名称两部分组成，如 学生课程安排 表示一个名称为"学生课程安排"的 Excel 文件。

2. 文件和文件夹的基本操作

（1）选择文件和文件夹

选择单个文件或文件夹：直接单击文件或文件夹图标即可，被选择的文件或文件夹的周围将呈蓝色透明状显示。

选择多个连续的文件或文件夹：先选择第一个对象，按住"Shift"键，再选择最后一个对象，即可选择多个连续的对象。

选择多个不连续的文件或文件夹：按住"Ctrl"键，再依次单击需要的文件或文件夹，即可选择多个不连续的文件或文件夹。

选择所有文件或文件夹：直接按"Ctrl+A"快捷键，可以选择当前窗口中的所有文件或文件夹。

（2）新建文件和文件夹

新建文件是指根据计算机中已安装的程序类别，新建一个相应类型的空白文件。新建后可以双击打开该文件并编辑文件内容。如果需要将一些文件分类整理在一个文件夹中以便日后管理，就需要新建文件夹。

新建文件和文件夹的方法是，在需要新建文件或文件夹的目录下，单击鼠标右键，在弹出的菜单中选择"新建"，然后选择相应的类型即可。

（3）重命名文件或文件夹

重命名文件或文件夹即为文件或文件夹更换一个新的名称。在文件或文件夹上单击鼠标右键，在弹出的快捷菜单中选择"重命名"，输入新的名称后按"Enter"键或单击窗口空白区域即可重命名文件或文件夹。此外，文件名可以包含字母、数字和空格等，但不能有 ？*/\<>:' 等符号。

（4）移动、复制文件和文件夹

移动文件或文件夹是指文件或文件夹改换原来的位置。复制文件或文件夹相当于为文件或文件夹做一个备份，原文件夹下的文件或文件夹仍然存在。

（5）删除和还原文件或文件夹

删除一些不需要的文件或文件夹，可以减少磁盘上的多余文件，释放磁盘空间，同时也便于管理。删除的文件或文件夹实际上是移动到"回收站"中，若误删除文件，还可以将其还原。

（6）隐藏文件或文件夹

隐藏文件或文件夹是保护文件或文件夹的一种方式，其方法为：在需隐藏的文件或文件夹上单击鼠标右键，在弹出的快捷菜单中选择"属性"命令，打开文件或文件夹的属性对话框，勾选"隐藏"后，再单击"确定"按钮。

（7）搜索文件或文件夹

如果用户不知道文件或文件夹在磁盘中的位置，可以使用搜索功能查找。

3．设置文件资源管理器

设置文件资源管理器主要指通过"文件资源管理器选项"对话框设置文件资源管理器的外观和在文件资源管理器中查看或搜索文件夹的方式等。

在控制面板中单击"文件资源管理器选项"即可打开"文件资源管理器选项"对话框，如图 3.9 所示。

切换到"查看"选项卡，可以查看和设置文件类的相关属性，如图 3.10 所示。

图 3.9　"文件资源管理器选项"对话框

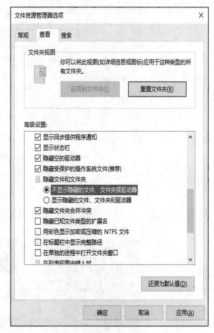

图 3.10　"查看"选项卡

3.3.2　Windows 10 的系统管理

1．设置账户登录密码

打开控制面板，选择"用户账户"选项，进入"用户账户"窗口，如图 3.11 所示。

图 3.11　"用户账户"窗口

单击"在电脑设置中更改我的账户信息"→"账户"→"登录选项"，如图 3.12 所示。

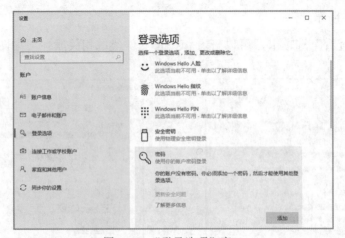

图 3.12　"登录选项"窗口

单击"密码"→"添加"，即可创建密码，如图 3.13 所示。

图 3.13　创建密码

2．设置桌面背景

在桌面空白处单击鼠标右键，在弹出的快捷菜单中选择"个性化"，打开"设置"

对话框，如图 3.14 所示，在左侧选择"背景"选项，在右侧"背景"窗口的"选择图片"栏中可将系统内置的图片设置为桌面背景。

图 3.14　"背景"对话框

3．设置系统日期和时间

设置系统日期和时间的步骤如下。

步骤 1：在控制面板中单击"日期和时间"。

步骤 2：打开"日期和时间"对话框，如图 3.15 所示，单击"日期和时间"选项卡，单击"更改日期和时间"按钮，在打开的"日期和时间设置"对话框中可手动设置系统日期和时间。

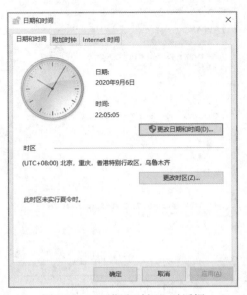

图 3.15　"日期和时间"对话框

步骤 3：在"时间和日期"对话框中单击"Internet 时间"选项卡，单击"更改设置"按钮。

步骤 4：打开"Internet 时间设置"对话框，如图 3.16 所示，单击选中"与 Internet 时间服务器同步"复选框。

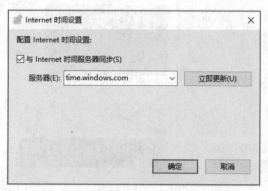

图 3.16　"Internet 时间设置"对话框

步骤 5：单击"立即更新"按钮，再单击"确定"按钮。

4．设置鼠标

设置鼠标的步骤如下。

步骤 1：在控制面板中单击"硬件和声音"，在设备和打印机下面可看到鼠标选项。

步骤 2：打开"鼠标"对话框，就可以进行设置，如图 3.17 所示。

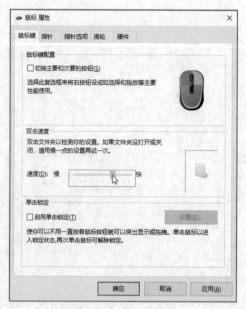

图 3.17　鼠标的设置

5．安装和卸载应用程序

以搜狗拼音输入法为例，分别介绍安装和卸载应用程序的方法，具体步骤如下。

（1）安装应用程序

步骤 1：打开搜狗拼音输入法安装程序所在的文件夹，双击安装程序。

步骤 2：安装向导界面如图 3.18 所示。一般默认安装位置为 C 盘（系统盘）。若想安装在其他位置，则单击"浏览"按钮，选择相应安装位置即可。

图 3.18　安装向导界面

步骤 3：勾选"已阅读并接受最终用户协议"。

步骤 4：单击"立即安装"按钮。正在安装搜狗拼音输入法的界面如图 3.19 所示。

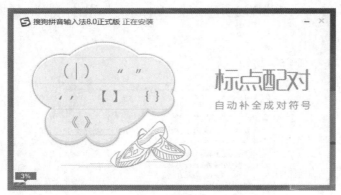

图 3.19　正在安装搜狗拼音输入法的界面

（2）卸载应用程序

步骤 1：在控制面板中单击"程序和功能"。

步骤 2：打开"卸载或更改程序"界面，如图 3.20 所示，选择需要卸载的应用程序，单击上方的"卸载/更改"按钮或单击鼠标右键，在弹出的快捷菜单中选择"卸载/更改"。

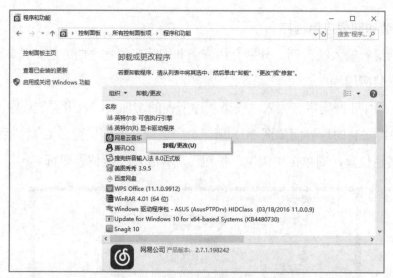

图 3.20 打开"卸载或更改程序"界面

步骤 3：在提示框中根据情况完成选择即可卸载应用程序。

6. 启用或关闭 Windows 功能

启用或关闭 Windows 功能的步骤如下。

步骤 1：在控制面板中单击"程序和功能"，打开"卸载或更改程序"界面，在左侧单击"启用或关闭 Windows 功能"。

步骤 2：打开"启用或关闭 Windows 功能"界面，如图 3.21 所示，单击"打印和文件服务"左侧的加号展开该选项，勾选"Internet 打印客户端"。如果要关闭某项功能，取消勾选即可。

步骤 3：单击"确定"按钮。

图 3.21 打开"启用或关闭 Windows 功能"界面

7．添加与删除输入法

添加与删除输入法的步骤如下。

步骤 1：在任务栏右下角单击输入法图标，在打开的列表中选择"语言首选项"。

步骤 2：打开"设置"窗口，在左侧选择"语言"选项，在右侧单击展开"中文（简体，中国）"选项，再单击"选项"，如图 3.22 所示。

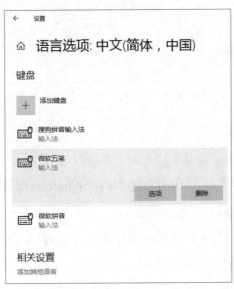

图 3.22　设置窗口

步骤 3：打开"中文（中华人民共和国）"窗口，在"键盘"栏中单击"添加键盘"按钮，在打开的列表中选择"搜狗拼音输入法"选项，即可添加该输入法到语言栏中。

步骤 4：此时在该窗口的"键盘"栏下，即可查看已添加的输入法。在任务栏单击输入法按钮，在打开的列表中也可查看添加的输入法。

步骤 5：选择"微软五笔"选项，单击"删除"按钮，可将"微软五笔"输入法从语言栏中删除。

8．安装与管理打印机

想要使用打印机，首先要在计算机中安装打印机的驱动程序，其安装方法与安装一般应用程序的方法相同，然后再连接打印机。

成功连接打印机后，在控制面板中单击"设备和打印机"，打开"设备和打印机"窗口，如图 3.23 所示。在对应的打印机选项上单击鼠标右键，在弹出的快捷菜单中选择相应命令可对打印机进行管理，如选择"查看现在正在打印什么"，可在打开的窗口中查看打印机正在打印的内容；选择"设置为默认打印机"，可将打印机设为默认使用的打印机等。

图 3.23 "设备和打印机"窗口

9. 磁盘清理

磁盘清理的步骤如下。

步骤 1:选择"开始"→"所有程序"→"Windows 管理工具"→"磁盘管理",打开"磁盘清理:驱动器选择"对话框。

步骤 2:在对话框中选择需要进行清理的 C 盘,单击"确定"按钮,系统计算可以释放的空间后进入"(C:)的磁盘清理"对话框。

步骤 3:在对话框的"要删除的文件(F):"列表中勾选"已下载的程序文件"和"Internet 临时文件",然后单击"确定"按钮,如图 3.24 所示。

图 3.24 磁盘清理

10．整理磁盘碎片

整理磁盘碎片的步骤如下。

步骤 1：在控制面板中单击"管理工具"，打开"管理工具"窗口，双击"碎片整理和优化驱动器"选项，或者在"开始"菜单中选择"Windows 管理工具"→"碎片整理和优化驱动器"，打开"优化驱动器"对话框。

步骤 2：选择要整理的磁盘，先单击"分析"，再单击"优化"，开始对所选的磁盘进行碎片整理，如图 3.25 所示。此外，按住"Ctrl"键可以同时选择多个磁盘进行优化。

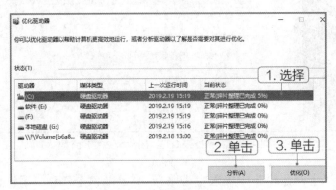

图 3.25　整理磁盘碎片

3.3.3　Windows 10 的网络设置

1．接入互联网

将计算机接入互联网的方法有多种，一般是通过联系互联网服务提供商（Internet Service Provider，ISP），对方派专人实际查看后，根据当前的情况分配 IP 地址、设置网关等，从而实现上网。目前，接入互联网的方法主要有非对称数字用户线（Asymmetric Digital Subscriber Line，ADSL）拨号上网和光纤宽带上网两种。

2．组建无线局域网

组建无线局域网的步骤如下。

步骤 1：在局域网中任意一台连接互联网的计算机中启动浏览器，在地址栏中输入路由器地址（通常为 192.168.1.1），按"Enter"键进入路由器设置页面，然后输入路由器的用户名和密码，一般用户名和密码默认为 admin），登录路由器。

步骤 2：在页面左侧选择"设置向导"，进入"设置向导"页面后，单击"下一步"按钮。

步骤3：在"设置向导–上网方式"页面中选择"让路由器自动选择上网方式（推荐）"，单击"下一步"按钮，如图3.26所示。

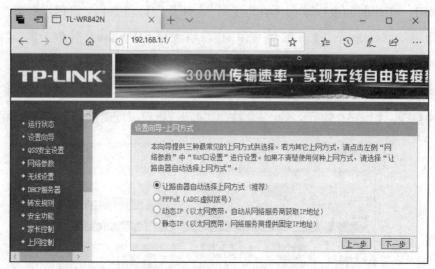

图3.26　"设置向导–上网方式"页面

步骤4：在"上网账号"中输入宽带账号，"上网口令"和"确认口令"中输入密码，单击"下一步"按钮。

步骤5：在"设置向导–无线设置"页面的"SSID"中输入无线网络的名称。单击选择"WPA-PSK/ WPA2-PSK"，在"PSK密码"中输入无线网络的密码，单击"下一步"按钮，如图3.27所示。

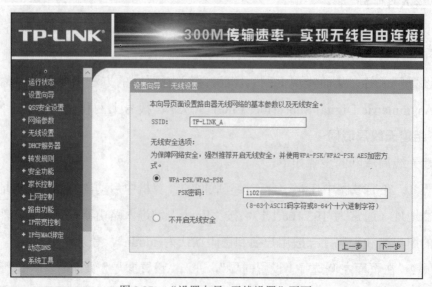

图3.27　"设置向导–无线设置"页面

步骤 6：设置无线路由器后，在任务栏的通知区域单击网络图标，然后选择对应的无线网络，勾中"自动连接"，单击"连接"按钮，如图 3.28 所示。

图 3.28　无线网络页面

步骤 7：在"输入网络安全密钥"中输入无线网络的密码，单击"下一步"按钮，如图 3.29 所示。

图 3.29　输入无线网络的密码

连接成功后，无线网络将显示"已连接，安全"，如图 3.30 所示。

图 3.30 连接成功

3. 配置无线局域网 TCP/IP

配置无线局域网 TCP/IP 的步骤如下。

步骤 1：打开控制面板，选择"网络和 Internet"，单击"网络和共享中心"进入"网络和共享中心"窗口，如图 3.31 所示。

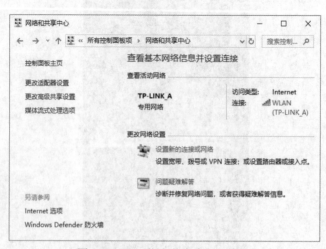

图 3.31 "网络和共享中心"窗口

步骤 2：单击左侧"更改适配器设置"。

步骤 3：右击无线网络图标，选择"属性"，进入"WLAN 属性"对话框，如图 3.32 所示。

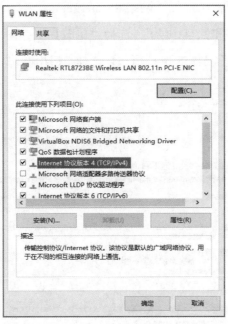

图 3.32　"WLAN 属性"对话框

步骤 4：双击"Internet 协议版本 4（TCP/IPv4）属性"选项，进入"Internet 协议版本 4（TCP/IPv4）属性"对话框，设置 IP 地址，如图 3.33 所示。

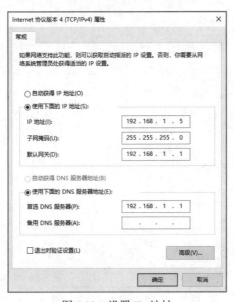

图 3.33　设置 IP 地址

4．共享设置

共享设置的步骤如下。

步骤 1：打开控制面板，选择"网络和 Internet"。

步骤 2：单击"网络和共享中心"，选择"更改高级共享设置"。

步骤 3：单击"专用"右侧的下拉箭头，选择"启用网络发现"，单击"保存更改"按钮，如图 3.34 所示。

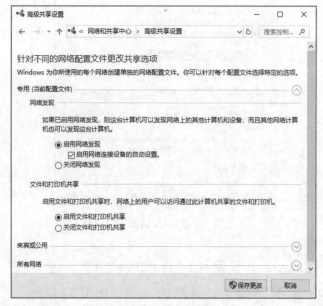

图 3.34　"高级共享设置"窗口

查看局域网中的计算机，如图 3.35 所示。

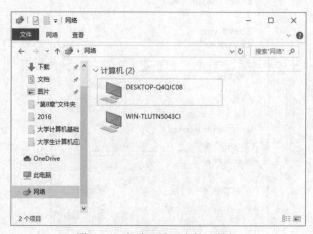

图 3.35　查看局域网中的计算机

5．共享文件夹

设置共享文件夹的步骤如下。

步骤 1：选中需要共享的文件夹，单击鼠标右键，选择"属性"。

步骤 2：切换到"共享"选项卡，单击"共享"按钮，进入"网络访问"对话框。

步骤 3：选择共享用户，如图 3.36 所示。

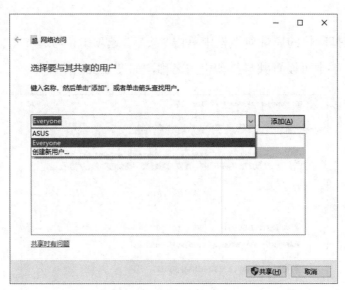

图 3.36　选择共享用户

设置权限，如图 3.37 所示。

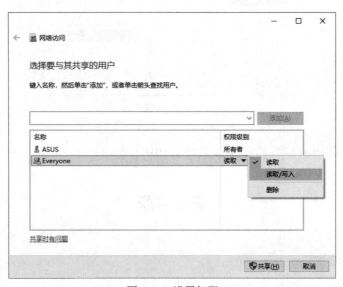

图 3.37　设置权限

6．共享打印机

设置共享打印机的步骤如下。

步骤 1：在控制面板中单击"查看设备和打印机"，进入"设备和打印机"窗口。

步骤 2：在安装的打印机上单击鼠标右键，在弹出的快捷菜单中选择"打印机属性"。

步骤 3：在打印机的属性对话框中单击"共享"选项卡，勾选"共享这台打印机"，在"共享名(H)："中可设置共享打印机的名称，如图 3.38 所示。

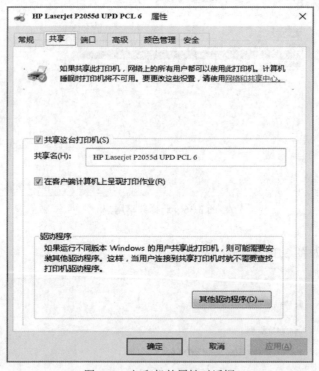

图 3.38　打印机的属性对话框

步骤 4：单击"确定"按钮完成共享打印机设置。

课后习题

1．简述操作系统的基本功能。

2．将账户的登录密码设为 123456。

3．在桌面上为文件夹“C:\Program Files\Windows NT\Accessories”中的“wordpad.exe”创建名为“写字板”的快捷方式。

4．将搜狗输入法安装在电脑 E 盘。

5．用两种方法在 D 盘创建名为“菜谱”的文件夹。

第4章　Word 2016

【知识目标】

1. 利用 Word 2016 软件对文档进行创建、保存和编辑。

2. 学会对文档的页面进行设置。

3. 能够对文档中的文字、图片等进行设置。

4. 能够在文档中进行表格的创建和编辑。

5. 能够添加、编辑和更新目录。

【技能目标】

1. 能够编辑基本的文档，并进行打印。

2. 能够使用图片、表格、分栏、首字下沉等元素美化文档。

3. 能够给长文档加目录。

【素质目标】

1. 培养严谨的工作态度。

2. 培养自主学习和解决问题的能力。

本章从实际应用的角度出发，选择一些具有代表性的办公文档，以案例的方式介绍 Word 2016 软件中文档的创建、编辑，页面设置和格式化，图形和图片的处理，表格的创建、编辑和格式化，从而提高办公软件的应用能力。

4.1　建立"趣味运动会设计方案"文档

某公司为即将举行的趣味运动会设计方案，效果和格式如图 4.1 所示。

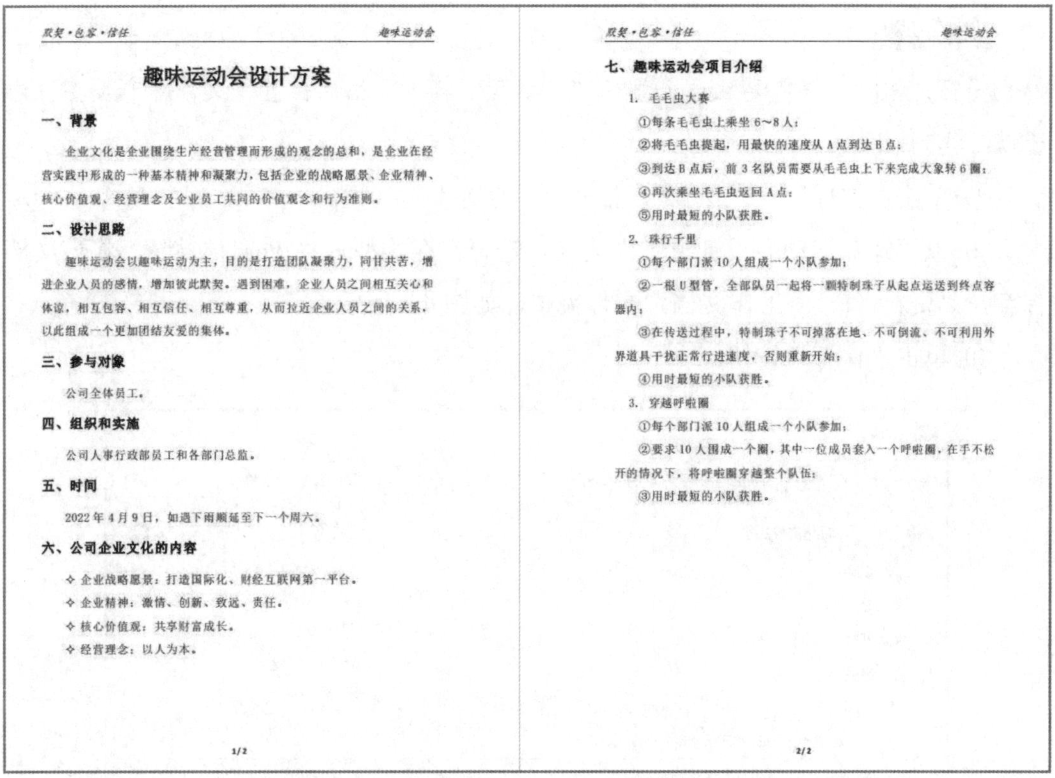

双契·包容·信任　　趣味运动会

趣味运动会设计方案

一、背景

企业文化是企业围绕生产经营管理而形成的观念的总和，是企业在经营实践中形成的一种基本精神和凝聚力，包括企业的战略愿景、企业精神、核心价值观、经营理念及企业员工共同的价值观念和行为准则。

二、设计思路

趣味运动会以趣味运动为主，目的是打造团队凝聚力，同甘共苦，增进企业人员的感情，增加彼此默契。遇到困难，企业人员之间相互关心和体谅，相互包容、相互信任、相互尊重，从而拉近企业人员之间的关系，以此组成一个更加团结友爱的集体。

三、参与对象

公司全体员工。

四、组织和实施

公司人事行政部员工和各部门总监。

五、时间

2022 年 4 月 9 日，如遇下雨顺延至下一个周六。

六、公司企业文化的内容

- 企业战略愿景：打造国际化、财经互联网第一平台。
- 企业精神：激情、创新、致远、责任。
- 核心价值观：共享财富成长。
- 经营理念：以人为本。

1/2

双契·包容·信任　　趣味运动会

七、趣味运动会项目介绍

1. 毛毛虫大赛

①每条毛毛虫上乘坐 6~8 人；

②将毛毛虫提起，用最快的速度从 A 点到达 B 点；

③到达 B 点后，前 3 名队员需要从毛毛虫上下来完成大象转 6 圈；

④再次乘坐毛毛虫返回 A 点；

⑤用时最短的小队获胜。

2. 珠行千里

①每个部门派 10 人组成一个小队参加；

②一根 U 型管，全部队员一起将一颗特制珠子从起点运送到终点容器内；

③在传送过程中，特制珠子不可掉落在地、不可倒流、不可利用外界道具干扰正常行进速度，否则重新开始；

④用时最短的小队获胜。

3. 穿越呼啦圈

①每个部门派 10 人组成一个小队参加；

②要求 10 人围成一个圈，其中一位成员套入一个呼啦圈，在手不松开的情况下，将呼啦圈穿越整个队伍；

③用时最短的小队获胜。

2/2

图 4.1　“趣味运动会设计方案”的效果和格式

4.1.1　新建并保存文档

1. 新建文档

单击“开始”按钮，在所有程序中找到“Word 2016”，启动 Word 2016 应用程序。程序启动后，将自动新建一个空白文档“文档 1”。

多学一招

我们可以把经常用到的程序或文档的快捷方式放置在桌面上，以便随时取用（打开）。很多应用程序在安装时会自动创建桌面快捷方式，因此双击桌面的快捷方式是最常用的打开应用程序的方法。

2. 保存文档

在 Word 中进行文档编辑时，一定要注意保存文档。因为编辑文档等操作是在计算机内存工作区进行的，如果不进行保存操作，突然停电或直接关掉计算机电源会造成文件丢失，所以及时保存文档是非常重要的。

多学一招

保存文档时，一定要注意文档的"三要素"——文档的位置、文件名和类型，便于以后找到该文档。

① 单击"文件"→"保存"，打开"另存为"对话框。

② 以"趣味运动会设计方案"为名，选择保存类型为"Word 文档"，将该文档保存在"资料（F:）>工作文档"文件夹中，如图 4.2 所示。

③ 单击"保存"按钮。

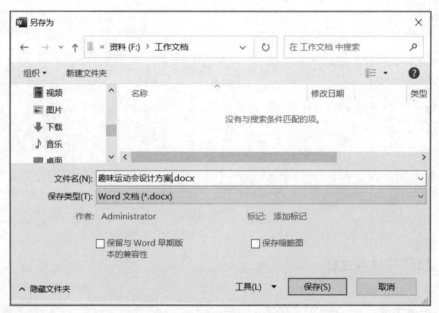

图 4.2   "另存为"对话框

多学一招

1. 快速保存文档

① 保存文档时，通常单击快速访问工具栏中的"保存"按钮即可，如图 4.3 所示。

图 4.3   快速访问工具栏中的"保存"按钮

② 为了避免录入的文字丢失，保存操作可以在编辑过程中随时进行，即按"Ctrl+S"快捷键即可。

2．自动保存文档

为了避免操作过程中由于断电或操作不当造成文字丢失，可以使用 Word 2016 的自动保存功能。单击"文件"→"选项"，打开"Word 选项"对话框，选择左侧的"保存"选项。在右侧的"保存文档"选项组中，勾选并设置"保存自动恢复信息时间间隔"，如图 4.4 所示。

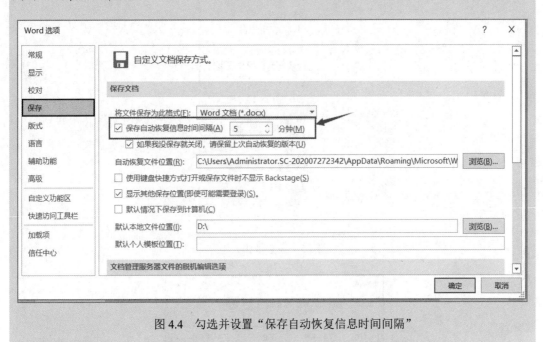

图 4.4　勾选并设置"保存自动恢复信息时间间隔"

4.1.2　页面设置

与用笔在纸上写字一样，利用 Word 进行文档编辑时，先要进行纸张大小、页边距、纸张方向等页面设置。

1．设置纸张大小

单击"布局"→"页面设置"→"纸张大小"按钮，从下拉菜单中选择"A4"，如图 4.5 所示。

2．设置页边距和纸张方向

单击"布局"→"页面设置"→"页边距"按钮，从下拉菜单中选择"自定义边距"，打开"页面设置"对话框。在"页边距"中根据要求进行设置，并将"纸张方向"设置为"纵向"，如图 4.6 所示，单击"确定"按钮。

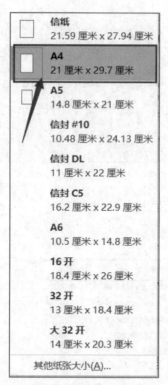

图 4.5　设置纸张大小

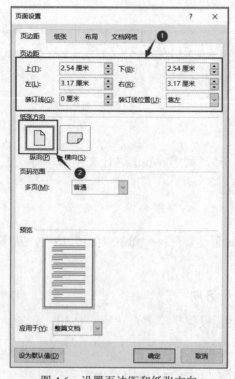

图 4.6　设置页边距和纸张方向

4.1.3　编辑文档

（1）单击任务栏上的"输入法"按钮，根据需要和习惯选择不同的输入法。

（2）录入"趣味运动会设计方案"的内容，如图 4.7 所示。

> **趣味运动会设计方案**
> **一、背景**
> 企业文化是企业围绕生产经营管理而形成的观念的总和，是企业在经营实践中形成的一种基本精神和凝聚力，包括企业的战略愿景、企业精神、核心价值观、经营理念及企业员工共同的价值观念和行为准则。
> **二、设计思路**
> 趣味运动会以趣味运动为主，目的是打造团队凝聚力，同甘共苦，增进企业人员的感情，增加彼此默契。遇到困难，企业人员之间相互关心和体谅、相互包容、相互信任、相互尊重，从而拉近企业人员之间的关系，以此组成一个更加团结友爱的集体。
> **三、参与对象**
> 公司全体员工。
> **四、组织和实施**
> 公司人事行政部员工和各部门总监。
> **五、时间**
> 2022 年 4 月 9 日，如遇下雨顺延至下一个周六。
> **六、公司企业文化的内容**
> 企业战略愿景：打造国际化、财经互联网第一平台。
> 企业精神：激情、创新、致远、责任。
> 核心价值观：共享财富成长。
> 经营理念：以人为本。
> **七、趣味运动会项目介绍**
> 1.毛毛虫大赛
> 每条毛毛虫上乘坐 6～8 人；
> 将毛毛虫提起，用最快的速度从 A 点到达 B 点；
> 到达 B 点后，前 3 名队员需要从毛毛虫上下来完成大象转 6 圈；
> 再次乘坐毛毛虫返回 A 点；
> 用时最短的小队获胜。
> 2.珠行千里
> 每个部门派 10 人组成一个小队参加；
> 一根 U 型管，全部队员一起将一颗特制珠子从起点送送到终点容器内；
> 在传送过程中，特制珠子不可掉落在地、不可倒流、不可利用外界道具干扰正常行进速度，否则重新开始；
> 用时最短的小队获胜。
> 3.穿越呼啦圈
> 每个部门派 10 人组成一个小队参加；
> 要求 10 人围成一个圈，其中一位成员套入一个呼啦圈，在手不松开的情况下，将呼啦圈穿越整个队伍；
> 用时最短的小队获胜。

图 4.7　"趣味运动会设计方案"的内容

（3）插入带圈的数字序号。

在编辑文档时，有的符号是不能直接从键盘输入的，如带圈的数字序号①②等，可以使用其他方法插入。

①　将鼠标指针放在"每条毛毛虫上乘坐 6～8 人"之前。

②　选择"插入"→"符号"→"其他符号"命令，打开"符号"对话框。

③　在"符号"中的"子集"下拉列表中，选择"带括号的字母数字"，如图 4.8 所示。

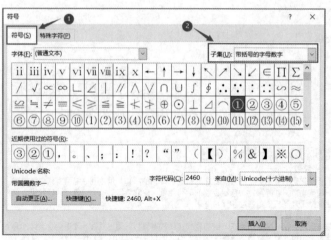

图 4.8 "符号"对话框

④在符号框中选择要插入的符号，如"①"，单击"插入"按钮。

⑤使用类似的方法在其他行插入带圈的数字序号，如图 4.9 所示。

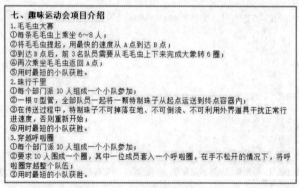

图 4.9 插入带圈的数字序号

4.1.4 设置格式

文档编辑完成后，通过设置标题、正文的格式可对文档进行美化和修饰。

（1）设置标题格式

将标题的字体格式设置为宋体、二号、加粗、黑色；段落对齐方式设置为居中，段前间距为 0.5 行，段后间距为 1 行，标题效果如图 4.10 所示，具体操作如下。

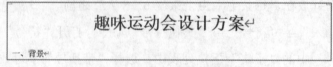

图 4.10 设置后的标题效果

① 选中标题文字"趣味运动会设计方案"。

② 设置标题的字体格式和段落对齐方式。单击"开始"选项，在"字体"和"段落"工具栏中选择相应的字体格式和对齐方式，如图 4.11 所示。

图 4.11　"字体"和"段落"工具栏

多学一招

设置字体格式还可以采用以下方式。

① 单击"开始"→"字体"右下角的箭头，打开图 4.12 所示的"字体"对话框进行设置。

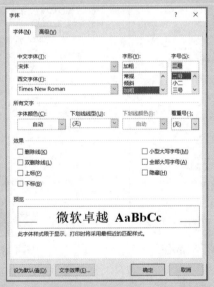

图 4.12　"字体"对话框

② 选中要设置的文本，Word 将自动弹出浮动的"快捷字体工具栏"，从中单击相应的按钮即可进行设置。

③ 选中要设置的文本，单击鼠标右键，从快捷菜单中选择"字体"，在"字体"对话框中设置。

③ 设置标题的段落间距。单击"开始"→"段落"右下角的箭头，打开"段落"

对话框，设置段前间距为"0.5 行"、段后间距为"1 行"，如图 4.13 所示。

（2）设置正文格式

① 设置正文字体格式。设置正文字体为宋体、小四号，字符间距为加宽 0.5 磅，具体步骤如下。

步骤 1：选中正文所有字符。

步骤 2：单击"开始"→"字体"右下角的箭头，打开"字体"对话框，在"字体"选项卡中，设置中文字体为"宋体"，字号为"小四"，其余不变。

步骤 3：切换到"高级"选项卡，如图 4.14 所示，设置间距为"加宽"，磅值为"0.5 磅"。

图 4.13　"段落"对话框　　　　　图 4.14　设置字符间距

② 设置正文的段落行距。设置正文所有段落行距为固定值 24 磅，具体步骤如下。

步骤 1：选中正文所有段落。

步骤 2：单击"开始"→"段落"右下角的箭头，打开"段落"对话框，设置行距为"固定值""24 磅"，如图 4.15 所示。

③ 设置段落首行缩进。设置正文中编号"一"～"七"标题段外的其他段落首行缩进 2 字符，具体步骤如下。

步骤 1：按住"Ctrl"键，分别选中正文中编号"一"～"七"标题段外的其他段落。

步骤 2：单击"开始"→"段落"右下角的箭头，打开"段落"对话框，设置缩进方式为"首行"，缩进值为"2 字符"，如图 4.16 所示。

图 4.15　设置段落行距

图 4.16　设置段落首行缩进

多学一招

单击"视图"，勾选"显示"工具栏中的"标尺"，可以显示标尺（水平标尺和垂直标尺），拖动水平标尺中的各个滑块，可以直观地调整段落的缩进方式，如首行缩进、悬挂缩进、左侧缩进和右侧缩进，如图 4.17 所示。在拖动滑块时如果按住"Alt"键，标尺上会显示具体缩进的数值，以便于更加精确地调整缩进值。

缩进方式有以下几种。

① 首行缩进：控制段落中第一行第一个字的起始位置。

② 悬挂缩进：控制段落中首行以外的其他行的起始位置。

③ 左侧缩进：控制段落左边界缩进的位置。

④ 右侧缩进：控制段落右边界缩进的位置。

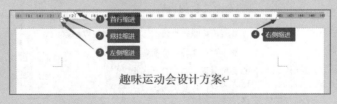

图 4.17　使用标尺调整段落的缩进方式

④ 设置正文标题段格式。设置标题段“一、背景”的字体格式为宋体、四号、加粗，段前、段后间距各为0.5行，并使用格式刷复制格式到编号“二”～“七”的标题段，具体步骤如下。

步骤1：选中标题段“一、背景”。

步骤2：将标题段的字体格式设置为宋体、四号、加粗，段前、段后间距设置为0.5行。

步骤3：保持选中文本状态，单击“开始”，选择“剪贴板”工具栏中的“格式刷”，使其呈选中状态，移动鼠标，此时鼠标指针变成一把刷子，按住鼠标左键，刷过“二、设计思路”，这样“二、设计思路”就复制了“一、背景”的格式。

步骤4：用同样的方法继续刷“三”～“七”的标题段。

步骤5：再次单击“格式刷”按钮取消格式刷功能，鼠标指针变回正常形状。设置后的标题段格式如图4.18所示。

一、背景

企业文化是企业围绕生产经营管理而形成的观念的总和，是企业在经营实践中形成的一种基本精神和凝聚力，包括企业的战略愿景、企业精神、核心价值观、经营理念及企业员工共同的价值观念和行为准则。

二、设计思路

趣味运动会以趣味运动为主，目的是打造团队凝聚力，同甘共苦，增进企业人员的感情，增加彼此默契。遇到困难，企业人员之间相互关心和体谅，相互包容、相互信任、相互尊重，从而拉近企业人员之间的关系，以此组成一个更加团结友爱的集体。

三、参与对象

公司全体员工。

图4.18 设置后的标题段格式

⑤ 添加项目符号。为“六、公司企业文化的内容”这部分内容添加项目符号，效果如图4.19所示，具体步骤如下。

六、公司企业文化的内容

✧ 企业战略愿景：打造国际化、财经互联网第一平台。
✧ 企业精神：激情、创新、致远、责任。
✧ 核心价值观：共享财富成长。
✧ 经营理念：以人为本。

图4.19 添加项目符号后的效果

步骤 1：选中这部分的 4 个段落。

步骤 2：单击"开始"，选择"段落"工具栏中的"项目符号" 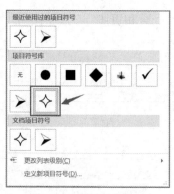，单击右侧的下拉按钮，打开"项目符号库"；选择需要添加的项目符号，如图 4.20 所示。

图 4.20　选择项目符号

多学一招

在"段落"中，除了可以添加项目符号，还可以添加编号 和多级列表 ，实现快速编号和多级别列表。

⑥ 增加段落缩进量。为"七、趣味运动会活动项目介绍"这部分内容中含有带圈数字序号的段落增加缩进量，效果如图 4.21 所示，具体步骤如下。

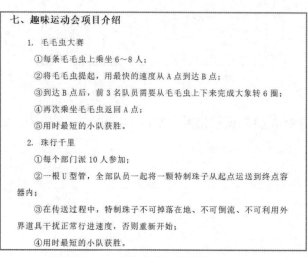

七、趣味运动会项目介绍

1. 毛毛虫大赛
①每条毛毛虫上乘坐 6～8 人；
②将毛毛虫提起，用最快的速度从 A 点到达 B 点；
③到达 B 点后，前 3 名队员需要从毛毛虫上下来完成大象转 6 圈；
④再次乘坐毛毛虫返回 A 点；
⑤用时最短的小队获胜。
2. 珠行千里
①每个部门派 10 人参加；
②一根 U 型管，全部队员一起将一颗特制珠子从起点运送到终点容器内；
③在传送过程中，特制珠子不可掉落在地、不可倒流、不可利用外界道具干扰正常行进速度，否则重新开始；
④用时最短的小队获胜。

图 4.21　增加段落缩进量的效果

步骤 1：分别选中含有带圈数字序号的各个段落。

步骤 2：单击"开始"，在"段落"工具栏中选择"增加缩进量" 增加缩进量。

4.1.5　添加页眉和页脚

添加页眉和页脚的具体操作如下。

① 单击"插入",选择"页眉和页脚"工具栏中的"页眉"按钮,弹出如图 4.22 所示"内置"下拉菜单。

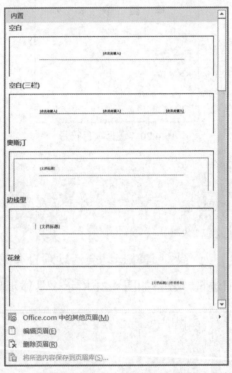

图 4.22　页眉"内置"下拉菜单

② 从菜单中选择需要的页眉模板"空白(三栏)",页眉模板如图 4.23 所示。

图 4.23　页眉模板

③ 在"页眉"的左侧文本域和右侧文本域中分别输入"默契·包容·信任"和"趣味运动会"字样,删除中间的文本域。选中页眉文字,将其设置为楷体、小四号、倾斜、黑色。编辑页眉后的效果如图 4.24 所示。

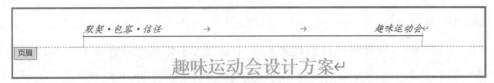

图 4.24　编辑页眉后的效果

④　单击"页眉和页脚工具",选择"导航"工具栏中的"转至页脚",切换到页脚编辑区。再单击"页眉和页脚"工具栏中的"页码"按钮,打开图 4.25 所示的下拉菜单。选择"页面底端"选项,在页码样式列表中选择"X/Y"中的"加粗显示的数字 2"选项,如图 4.26 所示,即可插入当前页码 X 和文档总页数 Y。选中页码文字,将其设置为小五号、居中对齐。

图 4.25　"页码"下拉菜单

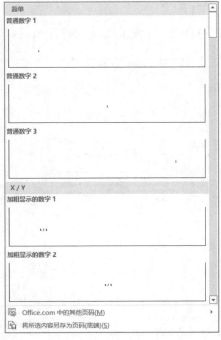

图 4.26　页码样式列表

多学一招

① 设置页眉、页脚字体格式的方法与设置正文字体格式的方法是一样的。

② 若不需要页眉的分隔线，可双击页眉进入编辑模式，再单击"开始"→"段落"→"边框"右侧的下拉按钮，从弹出的菜单中选择"边框和底纹"，打开"边框和底纹"对话框。在"边框"→"预览"中单击下框线，选择"确定"，即可取消下框线。

③ 在添加页眉和页脚时，还可以使用图 4.27 所示的"页眉和页脚工具"，插入日期和时间、文档信息、文档部件、图片、联机图片等内容。

图 4.27 "页眉和页脚工具"中的内容

4.1.6 打印文档

文档完成后就可以打印了。打印前，一般先使用打印预览功能查看文档的整体效果，确认后再打印，具体操作如下。

① 单击"文件"→"打印"，可预览文档的打印效果，如图 4.28 所示。

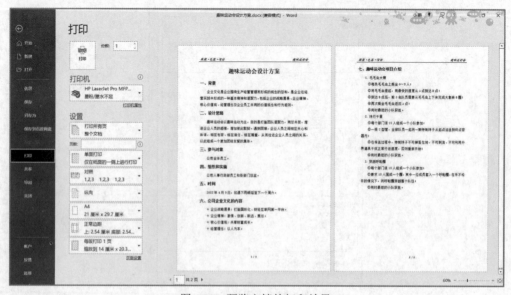

图 4.28 预览文档的打印效果

② 预览完毕，设置打印份数、打印机、打印范围等参数，然后单击"打印"按钮即可打印文档。

多学一招

在打印预览中，如果对文档效果不满意，还需修改，可单击"开始"选项卡，回到文档的编辑状态进行修改。

4.2　编排"企业文化"文档

公司要求制作一个名为"企业文化"的文档，效果如图 4.29 所示。

图 4.29　"企业文化"文档的效果

4.2.1　分栏排版

分栏排版是一种常用的排版方式，它被广泛应用于具有特殊版式的文档，如报刊、图书和广告单等。分栏排版可以制作别具特色的文档版面，使整个页面更具观赏性。下面在"企业文化"文档中将正文内容设置为两栏显示，具体操作如下。

① 打开"企业文化.docx"文档，将"布局"选项卡中的纸张方向设置为"横向"，页边距使用默认值，以方便后续的编辑。

② 选中正文的所有字符，单击"布局"，在"页面设置"工具栏中选择"栏"按钮，在下拉列表中选择"更多栏"选项，如图 4.30 所示。在"栏"对话框中选择"偏

左"，并勾选"分隔线"，如图 4.31 所示。

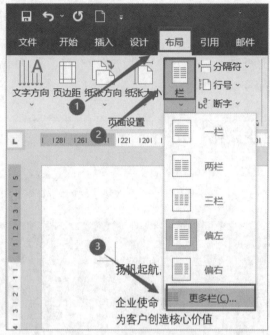

图 4.30　选择"更多栏"

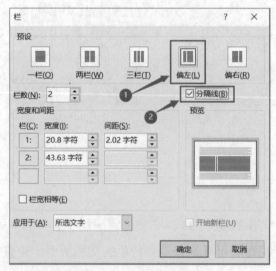

图 4.31　"栏"对话框

③ 将鼠标光标定位于"公司环境"前，单击"布局"，在"页面设置"工具栏中选择"分隔符"，在下拉菜单中选择"分栏符"，将文档内容分为两栏显示，如图 4.32所示。

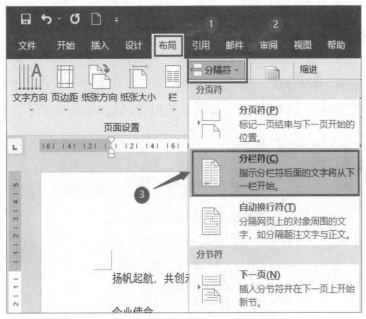

图 4.32　将文档内容分为两栏显示

④ 返回文档可看到文档内容以两栏显示，两栏排版效果如图 4.33 所示。

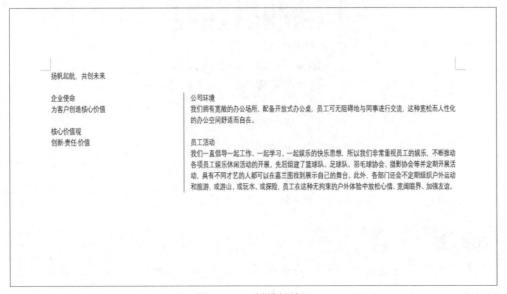

图 4.33　两栏排版效果

多学一招

在"栏"下拉列表中的"更多栏"对话框中还可以设置栏数、栏间距和"栏宽相等"等。

4.2.2 设置页面背景

商务办公中的 Word 文档，有时候需要用颜色或图案吸引观众的注意，最常用的办法就是设置页面颜色，以及设置水印等。下面介绍在 Word 文档中设置页面背景的方法。

1. 设置页面颜色

① 单击"设计"，选择"页面背景"工具栏中的"页面颜色"按钮。

② 在下拉菜单中选择合适的颜色，如图 4.34 所示。

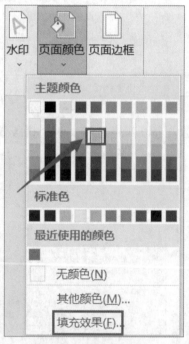

图 4.34　设置页面颜色

多学一招

页面颜色除了可选择标准色，还可以设置填充效果，如渐变、纹理、图案、图片，设置方法如下。

① 单击"设计"，在"页面背景"工具栏中选择"页面颜色"。

② 在下拉菜单中选择"填充效果"选项，单击"渐变""纹理""图案"或"图片"即可进行相关设置，如图 4.35 所示。

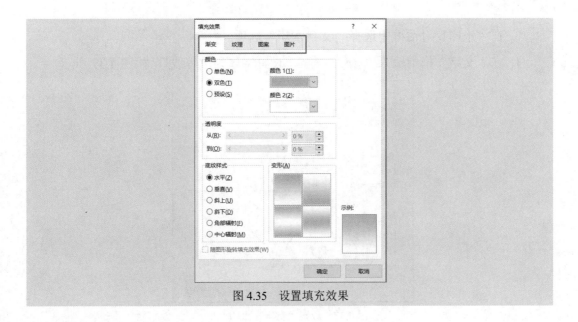

图 4.35　设置填充效果

2．设置水印

在文档中插入自定义图片水印，如公司 LOGO 或者自定义文字水印，可以使文档显得更加正式，同时也是对文档版权的一种声明。下面在"企业文化.docx"文档中插入自定义文字水印，具体操作如下。

① 单击"设计"，选择"页面背景"工具栏中的"水印"按钮。

② 在下拉菜单中选择"自定义水印"选项，如图 4.36 所示。

图 4.36　"水印"下拉菜单

③ 在"水印"对话框中选择"文字水印"选项。

④ 在"文字"框中输入"扬帆起航",设置字体为"等线",如图 4.37 所示。

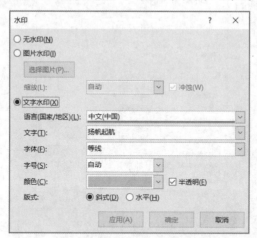

图 4.37　设置"自定义水印"

⑤ 单击"确定"按钮,返回 Word 页面即可看到水印效果,如图 4.38 所示。

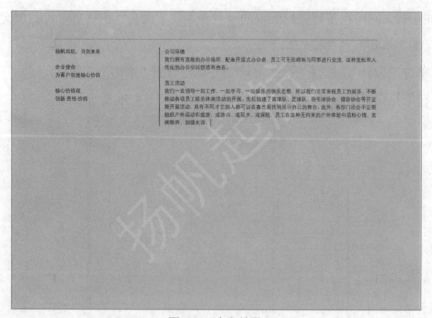

图 4.38　水印效果

4.2.3　图文混排

图片能直观地表达内容。在文档中插入图片,既可以美化页面,又可以让读者在阅读过程中，通过图文结合更清楚地了解作者想要表达的意图。下面以插入计算机中的图片为例，介绍在 Word 2016 中插入与编辑图片的方法。

1．插入图片

① 将鼠标光标定位于"扬帆起航"前，单击"插入"，选择"插图"工具栏中的"图片"下拉按钮，如图 4.39 所示。

图 4.39　"图片"下拉按钮

② 在"插入图片"对话框中，选择计算机中已经保存的图片"logo"，单击"插入"按钮，如图 4.40 所示。

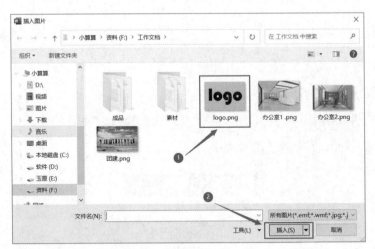

图 4.40　选择图片"logo"

③ 重复以上方法，在"企业使命"上插入图片"办公室 1"，在"公司环境"下方的空白区域插入图片"办公室 2"，"员工活动"下方的空白区域插入图片"团建"。

2．调整图片大小

在文档中插入图片后，用户可以根据需要改变图片的大小。下面以鼠标拖动调整方式为例，介绍调整图片大小的方法。

① 单击需要调整大小的图片，其四周显示 8 个控制点。

② 将鼠标指针移动到右下角的控制点上，此时鼠标指针变成双箭头形状。

③ 按住鼠标左键，将图片拖动到合适大小，然后释放鼠标。调整后，所有图片排在同一页面中，效果如图 4.41 所示。

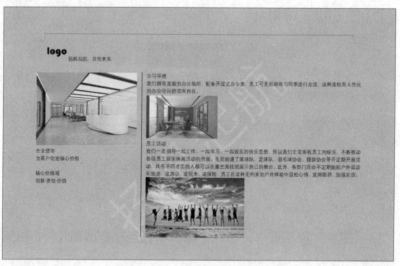

图 4.41　图片调整后的效果

多学一招

图片大小还可以通过"大小"工具调整。

① 单击需要调整的图片。

② 在"图片格式"→"大小"工具栏中的框中输入需要的尺寸，如图 4.42 所示，按"Enter"键，即可准确调整图片大小。

图 4.42　调整图片尺寸

3．裁剪图片

如果需要将插入图片的部分区域隐藏，可以选择裁剪或裁剪为需要的形状。下面以裁剪为形状为例，介绍裁剪图片的方法。

① 选择需要裁剪的图片"办公室 1"。

② 在"大小"工具栏中按下"裁剪"下拉按钮，选择"裁剪为形状"，在下拉列表中选择需要的椭圆形状即可，如图 4.43 所示。图片裁剪为椭圆形的效果如图 4.44 所示。

图 4.43　选择椭圆形状

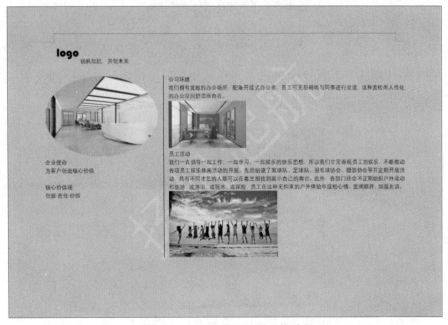

图 4.44　图片裁剪为椭圆形的效果

4. 设置图片样式

图片的样式是指图片的形状、边框、阴影和柔化边缘等效果。设置图片的样式时，可以直接使用 Word 预设的样式，也可以对图片样式进行自定义设置。下面为文档中的图片设置样式，具体操作如下。

① 选择图片"办公室 2"。

② 在"图片工具"→"图片格式"工具栏中单击下拉按钮。

③ 在"图片格式"下拉选框中选择合适的格式，如图 4.45 所示。

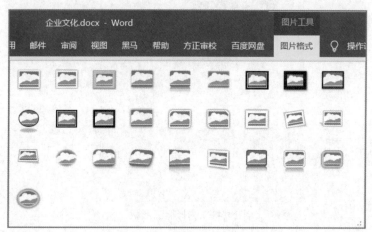

图 4.45 "图片格式"下拉选框

④ 选择图片"团建"。

⑤ 在"图片格式"工具栏中单击"图片效果"下拉按钮，在下拉列表中单击"映像"→"映像变体"，选择合适的映像选项，如图 4.46 所示。

图 4.46 选择"图片效果"

⑥ 设置的图片样式效果如图 4.47 所示。

图 4.47　设置的图片样式效果

5．设置图片的环绕方式

在文档中直接插入图片后，图片的环绕方式默认为嵌入型，图片仅能以文字的方式移动。如果要调整图片的位置，则应先设置图片的环绕方式，再进行图片的调整操作。下面为"企业文化.docx"文档中的图片设置环绕方式，具体操作如下。

① 右击图片"办公室 2"。

② 在 "布局选项"列表中选择"文字环绕"中的"紧密型环绕"，如图 4.48 所示。

图 4.48　设置图片的环绕方式

③ 拖动图片到需要的位置。

④ 重复以上方法，对图片"团建"的环绕方式进行设置。设置了图片环绕方式后的效果如图 4.49 所示。

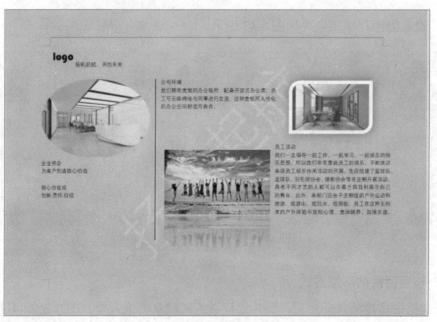

图 4.49　设置了图片环绕方式后的效果

4.2.4　插入与编辑艺术字

艺术字是经过特殊处理的文字。在 Word 文档中使用艺术字可使文档呈现出不同的效果，使文本醒目、美观。很多商务文档，如公司简介、产品介绍和宣传手册等都可以添加艺术字。艺术字也可以被编辑，以呈现更多的效果。下面介绍插入与编辑艺术字的相关操作。

在文档中插入艺术字可以有效地提高文档的可读性，Word 2016 提供了 15 种艺术字样式，用户可以根据实际情况选择合适的样式美化文档。下面在"企业文化.docx"文档中插入艺术字，具体操作如下。

① 选择文本"扬帆起航，共创未来"，单击"插入"，在"文本"工具栏中单击"艺术字"下拉按钮，如图 4.50 所示。

② 在"艺术字"下拉选框中选择合适的艺术字样式，如图 4.51 所示。

图 4.50　插入艺术字

图 4.51　选择艺术字样式

③ 选中艺术字，在"开始"→"字体"工具栏中设置字体为"华文琥珀"，字号为"小初"。

④ 修改艺术字的环绕方式为"浮于文字上方"，并拖动艺术字到合适的位置。艺术字效果如图 4.52 所示。

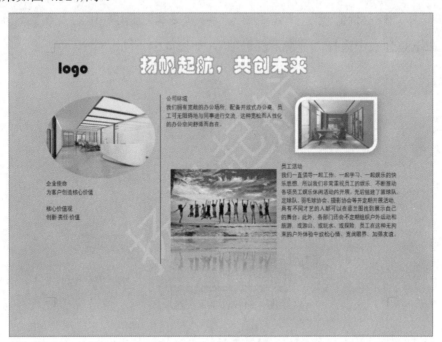

图 4.52　艺术字效果

多学一招

艺术字的样式不仅可以重新选择，还可以通过"绘图工具"→"艺术字样式"中的"文本填充""文本轮廓""文本效果"进一步设置，如图 4.53 所示。

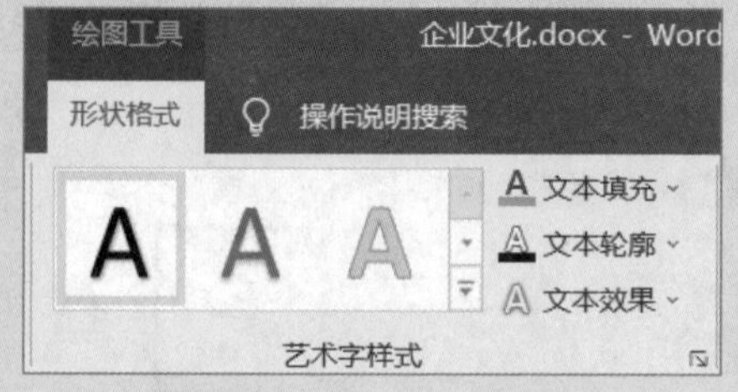

图 4.53　艺术字效果设置

4.2.5　设置首字下沉

在 Word 中，首字下沉是将段落首字放大显示，以突出段落首字，使其更加醒目。下面在"企业文化.docx"文档中设置部分内容首字下沉，下沉行数为"2"，具体操作如下。

① 在设置首字下沉前，将文档中所有标题文字设置为"加粗"，字号为"小四"。

② 选中"核心价值观"，单击"插入"→"文本"工具栏中的"首字下沉"下拉按钮，在下拉列表中选择"首字下沉选项"，如图 4.54 所示。

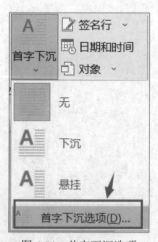

图 4.54　首字下沉选项

③ 在"首字下沉"对话框中，"位置"选择"下沉"选项，"下沉行数"框中输入"2"，如图 4.55 所示。单击"确定"按钮完成设置。

④ 重复上述方法，对"我们拥有宽敞的办公环境"设置首字下沉。设置首字下沉后的效果如图 4.56 所示。

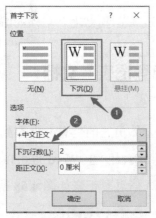

图 4.55　设置首字下沉

图 4.56　设置首字下沉后的效果

多学一招

在 Word 中，除了可以设置首字下沉外，还可以设置首字悬挂，具体方法如下。

① 单击"插入"→"文本"工具栏中"首字下沉"下拉按钮。

② 在下拉列表中选择"首字下沉选项"。在"首字下沉"对话框中的"位置"中选择"悬挂"，效果如图 4.57 所示。

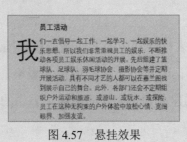

图 4.57　悬挂效果

设置完成后保存文档，完成"企业文化"文档的编排工作。

4.3 制作"个人信息登记表"文档

公司人力资源部需要收集全体员工的信息并保存到公司档案。Office 办公组件中有一个专业制作表格的软件——Excel，但 Word 也可以快速制作比较简单的表格。根据公司人力资源部的要求，个人信息登记表如图 4.58 所示。

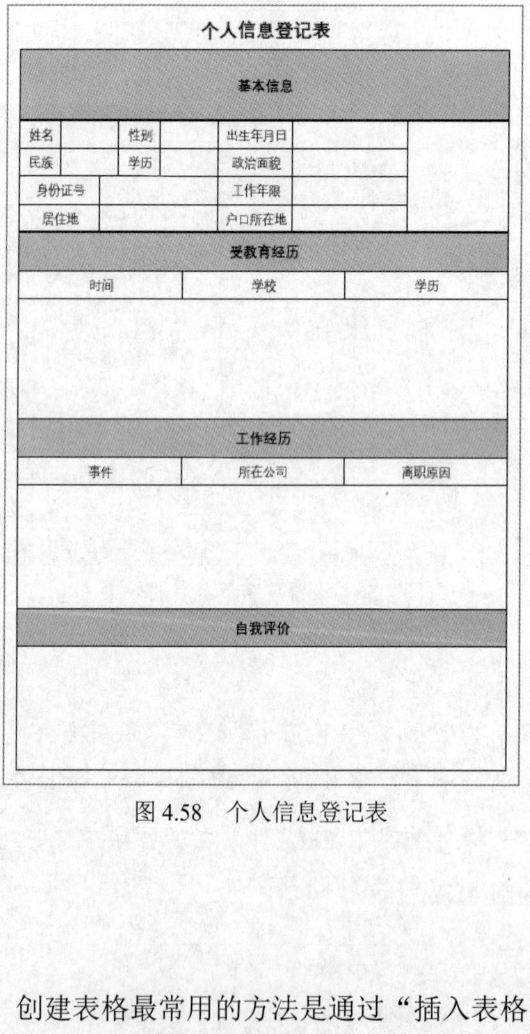

图 4.58　个人信息登记表

4.3.1　创建表格

在 Word 文档中，创建表格最常用的方法是通过"插入表格"插入指定行和列的表格。下面在"个人信息登记表.docx"文档中插入表格，具体操作如下。

① 启动 Word 2016，创建名为"个人信息登记表"的文档，单击"插入"→"表格"工具栏中的"表格"按钮。

② 在打开的列表中选择"插入表格"选项，如图 4.59 所示。

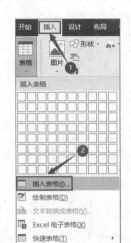

图 4.59　选择"插入表格"选项

③ 在"插入表格"对话框中，在"表格尺寸"中的"列数"框输入"2"，"行数"框输入"8"，如图 4.60 所示。单击"确定"按钮，表格效果如图 4.61 所示。

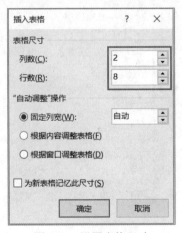

图 4.60　设置表格尺寸

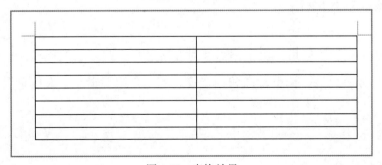

图 4.61　表格效果

多学一招

上述直接插入表格的方法适合创建形状规则的表格，对于形状不规则或者有斜线表头的表格，用户可以根据需要手动绘制表格，具体操作如下。

① 在"插入"→"表格"工具栏中，单击"表格"按钮。

② 在打开的列表中选择"绘制表格"选项。

③ 鼠标指针变成一个笔的形状，按住鼠标左键绘制表格。

④ 绘制结束后，在文档空白处单击鼠标或按"Esc"键，可退出绘制状态。绘制效果如图 4.61 所示。

对于行列数较少（8 行 10 列以内）的表格，还可以采用快速表格方式，操作如下。

① 在"插入"→"表格"工具栏中，单击"表格"按钮。

② 在打开的列表中拖动鼠标，选择 2×8 表格即可，如图 4.62 所示。

图 4.62　2×8 表格

4.3.2　表格的基本操作

在 Word 中创建表格后，可根据需要对表格进行一些基本的操作，比如插入行和列、合并与拆分单元格、调整行高和列宽等。下面介绍编辑"个人信息登记表"的基本操作。

1. 插入行

① 选择表格第 2 行。

② 在"表格工具"→"布局"→"行和列"工具栏中单击"在下方插入"按钮，第 2 行的下方就会插入一个空白行，如图 4.63 所示。

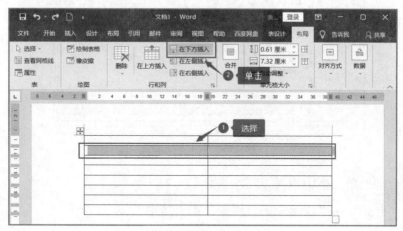

图 4.63　插入行

2．插入列

① 选择表格第 2 列。

② 在"表格工具"→"布局"→"行和列"工具栏中单击"在右侧插入"按钮，第 2 列的右侧就会插入一个空白列。

③ 插入行和列的表格如图 4.64 所示。

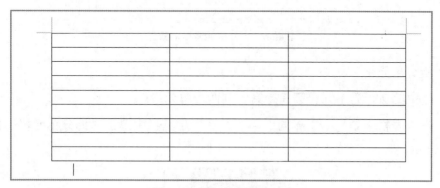

图 4.64　插入行和列的表格

3．合并单元格

① 选择第 1 行所有单元格。

② 在"表格工具"→"布局"→"合并"工具栏中单击"合并单元格"按钮，如图 4.65 所示。

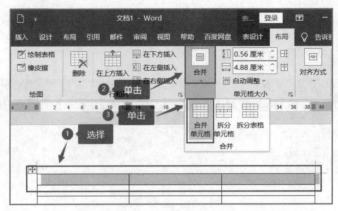

图 4.65　合并单元格

③ 在合并的单元格中输入"基本信息"。

④ 在"开始"→"段落"工具栏中单击"居中"按钮。

⑤ 用同样的方法继续插入行、合并单元格并输入文本。合并单元格后的效果如图 4.66 所示。

图 4.66　合并单元格后的效果

4．拆分单元格

① 选中第 2 行第 1 列和第 3 行第 1 列两个单元格。

② 在"表格工具"→"布局"→"合并"工具栏中单击"拆分单元格"按钮，如图 4.67 所示。

图 4.67　拆分单元格

③ 在"拆分单元格"对话框中的"列数"框输入"3","行数"框输入"2"，单击"确定"按钮，将选择的单元格拆分为 3 列。

④ 继续合并和拆分单元格，并在其中输入文本，表格效果如图 4.68 所示。

基本信息				
姓名		性别	出生年月日	
民族		学历	政治面貌	
身份证号			工作年限	
居住地			户口所在地	
受教育经历				
时间		学校		学历
工作经历				
时间		所在公司		离职原因
自我评价				

图 4.68　表格效果

5．调整行高和列宽

为了适应不同的表格内容，通常需要调整表格的行高和列宽。在 Word 2016 中，既可以精确输入行高值和列宽值，也可以通过拖动鼠标调整行高和列宽。下面调整"个人信息登记表"的行高，具体操作如下。

① 选择整个表格。

② 在"表格工具"→"布局"→"单元格大小"工具栏中的"高度"框中输入"0.8 厘米"，如图 4.69 所示，按"Enter"键，即可精确设置整个表格的行高。

图 4.69　精确设置行高

③ 将鼠标指针移动到第 1 行和第 2 行单元格间的分隔线上，当其变成上下双向箭头时，按住鼠标左键向下拖动，即可按需调整第 1 行的行高。

调整列宽的方法与调整行高的方法类似，最终效果如图 4.70 所示。

基本信息				
姓名		性别	出生年月日	
民族		学历	政治面貌	
身份证号			工作年限	
居住地			户口所在地	
受教育经历				
时间		学校		学历
工作经历				
事件		所在公司		离职原因
自我评价				

图 4.70　调整行高和列宽后的表格效果

4.3.3　美化表格

"个人信息登记表"还需进行美化，如设置表格的对齐方式、边框和底纹，也可以直接套用内置的表格样式增强表格的外观效果。

1．设置底纹

① 选中"基本信息""受教育经历""工作经历"和"自我评价"所在的单元格。

② 单击"表格工具"→"设计"→"表格样式"工具栏中的"底纹"下拉按钮，选择合适的颜色，如图 4.71 所示。表格底纹设置效果如图 4.72 所示。

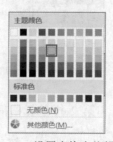

图 4.71　设置表格底纹颜色

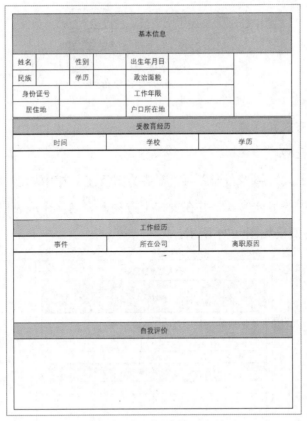

图 4.72　表格底纹设置效果

多学一招

设置表格底纹还有两种方法，具体如下。

① 选择整个表格，在"表格工具"→"设计"→"表格样式"工具栏中选择需要的样式。

② 选择整个表格，在"表格工具"→"设计"→"边框"中的"边框"下拉按钮，可以设置底纹和边框。

2．分布行和分布列

表格在编辑过程中可能会出现某些行或列分布不均匀的情况，调整方法如下。

① 选择表格第 2～5 行，在"表格工具"→"布局"→"单元格大小"工具栏中单击"分布行"按钮，即可将 2～5 行平均分布。

② 选择表格第 2～3 行的 1～4 列，在"表格工具"→"布局"→"单元格大小"工具栏中单击"分布列"按钮，即可将选中列平均分布。分布行和分布列如图 4.73 所示。

图 4.73　分布行和分布列

3. 设置对齐方式和标题

① 选中整个表格。

② 在"表格工具"→"布局"→"对齐方式"工具栏中单击"水平居中"按钮。

③ 调整表格中的字体格式，并在表格上方输入表名，完成表格的制作，"个人信息登记表"的最终效果如图 4.74 所示。

图 4.74　"个人信息登记表"的最终效果

4.4　为"电影推荐"文档添加目录

为了方便浏览文档和轻松准确地定位到文档中的某个位置，需要给"电影推荐"文档添加目录。目录效果如图 4.75 所示。

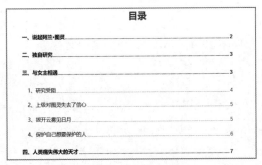

图 4.75　目录效果

为文档添加目录，首先要设置文档的标题级别或者样式，然后使用"插入目录"自动生成文档目录。

下面以设置文档标题级别的方式为"电影推荐"文档添加目录。

4.4.1　设置文档标题级别

① 打开"电影推荐"文档。

② 选中标题"一、说起阿兰·图灵"，按住"Ctrl"键选中标题二、三、四内容。

③ 单击"视图"→"视图"工具栏中的"大纲"，如图 4.76 所示。

图 4.76　选中"大纲"视图

④ 在大纲视图下，选择标题级别为"1 级"，如图 4.77 所示。

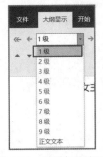

图 4.77　设置标题级别

⑤ 用同样的方法，选中标题"三、与女主相遇"下一级的标题 1~4，在大纲视图下设置标题级别为"2 级"。

⑥ 关闭大纲视图。

多学一招

如果还有多级标题，继续选中相应的标题并且分别设置级别为"3 级""4 级"等。

标题级别除了可以在大纲视图下设置，还可以在"开始"→"样式"工具栏中设置。默认情况下，标题 1 为"1 级"，标题 2 为"2 级"，以此类推，如图 4.78 所示。

图 4.78　设置标题级别

4.4.2　生成目录

① 将鼠标光标定位于文档开始，单击"插入"→"页面"工具栏中的"空白页"，如图 4.79 所示。将鼠标光标定位于空白页顶端，输入"目录"并设置字体为"微软雅黑"，字号为"小二"。

图 4.79　插入空白页

② 将鼠标光标移动到下一行，单击"引用"→"目录"工具栏中的"目录"按钮，在下拉菜单中选择"自定义目录"，如图 4.80 所示。

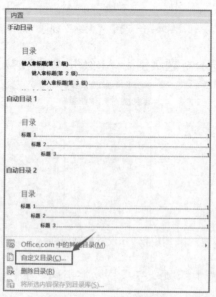

图 4.80　选择"自定义目录"

③ 在"目录"对话框中选择"格式"为"正式","显示级别"为"2",单击"确定"按钮,如图 4.81 所示。生成的目录如图 4.82 所示。

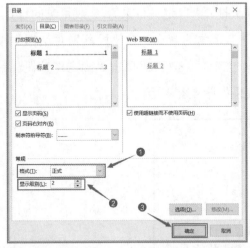

图 4.81　"目录"对话框

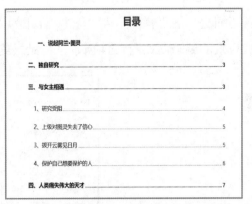

图 4.82　生成的目录

多学一招

单击"引用"→"目录"工具栏中的"目录"按钮,还可以选择"手动目录",如图 4.83 所示。手动目录仅会列出目录结构,需要自己填写目录内容。

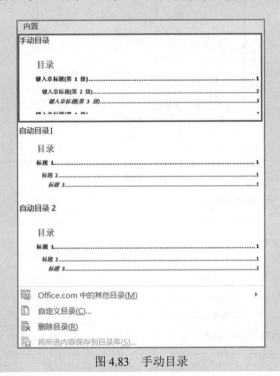

图 4.83　手动目录

4.4.3 编辑目录

① 生成目录后，用户可以选中目录并再次打开"自定义目录"，更改目录的设置。

② 选中目录，单击"开始"→"段落"右下角的箭头。在"段落"对话框中设置"缩进"的"特殊"为"无"，行距为"固定值""28 磅"。单击"确定"按钮，完成目录的编辑，如图 4.84 所示。目录最终效果如图 4.85 所示。

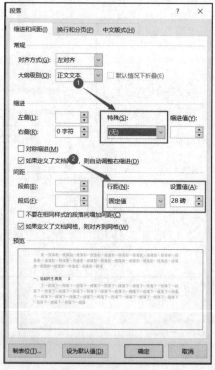

图 4.84　编辑目录

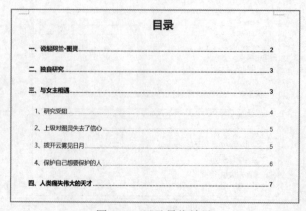

图 4.85　目录最终效果

4.4.4 更新目录

目录生成后,可以按住"Ctrl"键单击目录中的标题快速跳转到该标题所在位置。若文档进行了修改,目录就需要更新。常用的更新目录的方法有以下两种。

① 单击"引用"→"目录"工具栏中的"更新目录",在弹出的对话框中选择"更新整个目录",如图 4.86 所示。

② 在目录中单击鼠标右键,选择"更新域",如图 4.87 所示。在弹出的对话框中选择"更新整个目录"即可。

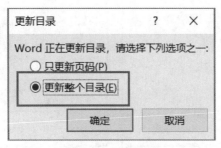

图 4.86 更新目录

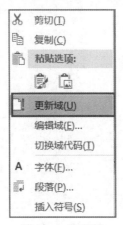

图 4.87 更新域

4.5 技能实训

编排《计算机基础教程》部分内容,文字录入已经完成,现需设置格式。《计算机基础教程》的编排效果如图 4.88 所示。

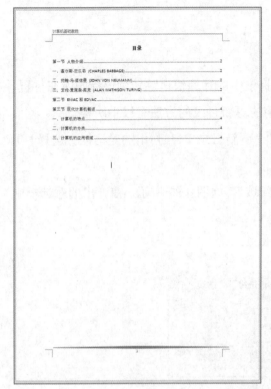

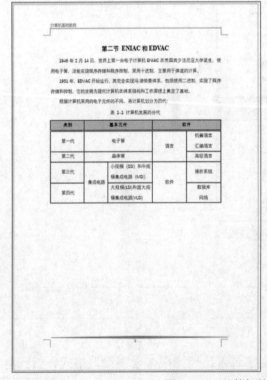

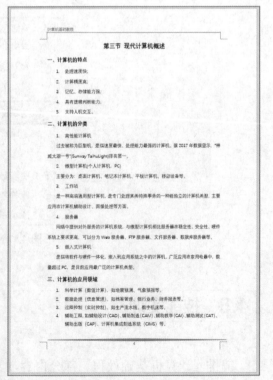

图 4.88　《计算机基础教程》的编排效果

图 4.88　《计算机基础教程》的编排效果（续）

格式要求如下：

1．正文首行缩进 2 字符，1.25 倍的"多倍"行距；

2．节标题应用样式"副标题"，"一、二"编号的标题应用样式"标题 1"；

3．在第一节标题三的"1、图灵测试"下添加图片"图灵测试示意"，图片环绕方式为"上下型环绕"；

4．根据效果图，在第二节添加"计算机发展的分代"表格；

5．根据效果图，将大标题下的小知识点添加编号 1、2、3 等；

6．将第三节中"三、计算机的应用领域"的"5、电子商务"下的分类添加如图所示的项目符号；

7．为文档添加页眉"计算机基础教程"，页脚添加如图所示的页码；

8．为文档添加目录。

课后习题

1. 为学校写一份学校简介，要求插入多张图片介绍学校的环境，使用表格介绍学校的学院设置和开设专业情况，添加学校名称作为页眉，页脚有页码，第一页显示目录。

2. 制作个人简历，效果如下图所示。

第 5 章　Excel 2016

【知识目标】

　　掌握 Excel 常用函数的用法。

【技能目标】

　　1. 能够快速制作 Excel 表格。

　　2. 能够对数据进行处理、分析和可视化操作。

　　3. 能够灵活运用 Excel 处理实际问题。

5.1　Excel 简介

　　Microsoft Excel 是微软公司开发的办公软件 Microsoft Office 的组件之一，是微软公司为 Windows 和 macOS 操作系统的计算机编写的一款试算表软件。Excel 是微软办公软件的一个重要组成部分，它可以进行各种数据的处理、统计分析和辅助决策操作，广泛地应用于管理、统计财经、金融等众多方面。

　　不管是在生活、工作还是学习中，Excel 是必不可少的。在生活中，我们可以利用 Excel 记录数据，比如收入支出明细；在工作中，我们可以利用 Excel 对大量数据进行分析，并进行可视化展示；在学习中，Excel 中自带的函数可以帮助我们进行很多运算。

5.2 Excel 界面介绍

Excel 使用的是图形化的界面，有利于我们记忆。Excel 界面分为功能区、快速访问工具栏、名称框、编辑栏、工作表区、状态栏。

1. 功能区

功能区如图 5.1 所示。

图 5.1　功能区

根据功能的不同，功能区分为 3 个区域：选项卡（开始、插入、页面布局、公式、数据等）、命令组（"开始"选项卡下的字体、对齐方式、样式等）、命令（字号、字体、字体颜色、左对齐、右对齐等）。用户可以对功能区进行个性化设置，按自己所需的顺序排列选项卡和命令、隐藏或取消隐藏功能区，以及隐藏较少使用的命令。此外，还可以导出或导入自定义功能区。

2. 快速访问工具栏

快速访问工具栏如图 5.2 所示。

图 5.2　快速访问工具栏

快速访问工具栏是一个可自定义的工具栏，包含一组独立于功能区中选项卡的命令。用户可以右击快速访问工具栏，设置在功能区上方（或下方）显示，并且可以将表示命令的按钮添加到快速访问工具栏中。它的作用是将常用的一些命令放在一起，便于用户快速调用。

3. 名称框

名称框如图 5.3 所示。

图 5.3　名称框

名称框可以显示当前活动对象的名称，比如显示 C2，表示第 2 行、C 列的单元格。名称框可以用来快速定位、快速选择，比如选择 A1 到 C6 区域，直接在名称框中输入"A1:C6"，按"Enter"键即可）。

4. 编辑栏

编辑栏如图 5.4 所示。

图 5.4　编辑栏

编辑栏显示当前单元格的内容，比如输入的文本、日期或者函数公式等。除了可以在单元格编辑内容外，也可以在编辑栏中对内容进行编辑。当用户使用公式求某个单元格的内容时，单元格会显示最终内容，编辑栏则会显示公式。

5. 工作表区

工作表区如图 5.5 所示。

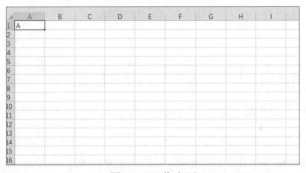

图 5.5　工作表区

工作表区是 Excel 界面最大的区域，大部分操作在这里进行，比如数据处理、图表绘制、数据编辑等。一个工作簿可以包括多个工作表。

6. 状态栏

状态栏如图 5.6 所示。

图 5.6　状态栏

状态栏主要显示当前 Excel 进行的工作（比如当前是否在录制宏，选中数据区域时会显示其平均值、最大值、最小值、求和、计数等）和视图模式（比如普通视图、页面布局、分页预览）。状态栏中还有缩放滑块，放大缩小只是为了方便用户看清楚工作表中的内容，并不会影响打印效果。

5.3　Excel 的组成

Excel 由工作簿、工作表和单元格组成，如图 5.7 所示。

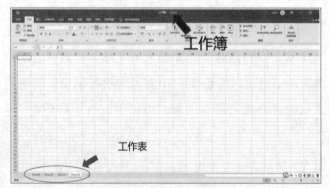

图 5.7　Excel 的组成

1. 工作簿

一个 Excel 文件就是一个工作簿。一个工作簿由若干个工作表组成，以前一个工作簿最多包含 255 个工作表，现在的 Excel 版本没有了工作表的数量限制。

2. 工作表

工作表是一种二维表，是一张表格。每一张表格都有一个默认名，比如"sheet1""sheet2"，当然也可以更改表格名称。工作表的名称显示在左下角，因此经常被初学者忽略。当打开一个工作簿的时候，我们应当注意其中包含几个工作表。在制作表格的时候，尽量对工作表进行重命名操作。表的列可以表示对象的属性，被称为字段，例如序号、姓名、年龄。表的行可以表示对象的记录，例如张三、李四。

3. 单元格

工作表中的数据存放在单元格中，每个单元格最多存放 32767 个字符。每个单元格有自己的行号和列号，即单元格所处的行标与列标。行号与列号共同组成单元格的地址，行号用数字表示，列号用字母表示，例如（A，1）表示单元格在第 A 列、第 1 行。在运用公式的时候经常会引用单元格的地址。

5.4 使用 Excel 编辑数据

使用 Excel 编辑数据是比较简单的，但是如果想要加快编辑速度就需要使用一些小技巧。我们先做一个小测试。输入以下数据，如图 5.8 所示。在输入的过程中，我们注意一下输入时遇到的问题，并思考一下有没有可以加快输入的方法。

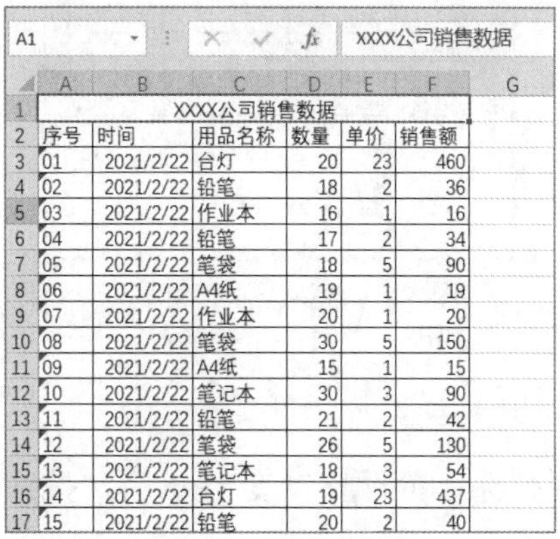

	A	B	C	D	E	F
1	XXXX公司销售数据					
2	序号	时间	用品名称	数量	单价	销售额
3	01	2021/2/22	台灯	20	23	460
4	02	2021/2/22	铅笔	18	2	36
5	03	2021/2/22	作业本	16	1	16
6	04	2021/2/22	铅笔	17	2	34
7	05	2021/2/22	笔袋	18	5	90
8	06	2021/2/22	A4纸	19	1	19
9	07	2021/2/22	作业本	20	1	20
10	08	2021/2/22	笔袋	30	5	150
11	09	2021/2/22	A4纸	15	1	15
12	10	2021/2/22	笔记本	30	3	90
13	11	2021/2/22	铅笔	21	2	42
14	12	2021/2/22	笔袋	26	5	130
15	13	2021/2/22	笔记本	18	3	54
16	14	2021/2/22	台灯	19	23	437
17	15	2021/2/22	铅笔	20	2	40

图 5.8 输入数据

1. 选择单元格

要在单元格里编辑数据，首先需要选择单元格。选择一个单元格的方法有以下几种：

① 单击单元格；

② 按“Enter”键切换到下方一个单元格；

③ 按“Tab”键切换到右边一个单元格；

④ 按上、下、左、右方向键切换单元格。

当连续编辑单元格时，我们使用方法②和方法③非常方便。那么选择多个单元格又有哪些方法呢？选择多个单元格的方法有以下几种：

① 按住鼠标左键拖动选择；

② 按住"Shift"键并单击对角单元格；

③ 按住"Shift"键加方向键、PgUp、PgDn；

④ 按住"Ctrl"键并单击多个单元格；

⑤ 单击行标或列标选择整行或整列。

2．调整行高列宽

在制作表格时，我们经常需要设置行高和列宽，否则数据无法正常显示，如图 5.9 所示。

图 5.9　数据无法正常显示

调整列宽的方法有以下几种：

① 将鼠标指针悬停到列标，鼠标指针变为 ✛ 后，按住鼠标左键拖动调整；

② 将鼠标指针悬停到列标，鼠标指针变为 ✛ 后双击，根据内容自动调节；

③ 将右击列标，选择"列宽"，输入数值。

调整行高的方法与调整列宽相似。调整多个列前需要选择所有要调节的列，要使所选列宽相同，可使用方法①和方法③。

3．合并单元格

表的名称一般需要占据多个单元格，因此我们要合并单元格。合并单元格的方法有以下几种：

① 选中单元格，在"开始"菜单中选择"合并后居中"；

② 右击选中的单元格，在菜单上方浮动的工具栏中选择"合并后居中"；

③ 右击选中的单元格，选择"设置单元格格式"，在"设置单元格格式"窗口中选择"对齐"→"合并单元格"。

注意，合并单元格只保留第一个单元格的内容，并且合并单元格会影响数据的排序以及数据透视表的创建，因此请谨慎使用。

4．换行

为了满足打印的要求，我们需要用到自动换行功能。自动换行就是当数据长度达到单元格长度时会自动切换到下一行。自动换行如图 5.10 所示。

23	21	2021/2/22	笔记本	8	3	24
24		2021/2/22	台灯	6.3	23	144.9
25			超级笔记本电脑			

图 5.10　自动换行

我们可以用以下几种方法实现自动换行：

① 单击"开始"，在"对齐方式"中选择"自动换行"；

② 右击单元格，选择"设置单元格格式"→"对齐"，在"文本控制"中选择"自动换行"。

除了自动换行外，我们有时候需要手动换行。在 Word 中，我们习惯用"Enter"键换行，但在 Excel 中，实现同一个单元格内的换行要用"Alt+Enter"快捷键。

5．设置边框

虽然单元格看起来貌似有边框，但实际上是没有的，这里显示的只是网格线，在打印的时候不会显示。我们可以在"页面布局"的"工作表选项"中，勾选"查看"，如图 5.11 所示。

图 5.11　工作表选项

设置边框有以下几种方法：

① 单击"开始"→"字体"→"边框"；

② 选中目标区域，右击单元格，在菜单上方浮动的工具栏中选择"边框"；

③ 右击单元格，选择"设置单元格格式"→"边框"。

设置边框的选项很多，常用的是"所有框线"，我们还可以改变边框线条的颜色和样式等。

6. 填充单元格

有时候为了突出一个单元格的内容，需要填充单元格。我们可以选中单元格，选择"开始"→"填充颜色"，如图 5.12 所示。

图 5.12　填充单元格

这里的填充指的是纯色填充，更多的填充效果可以通过右击单元格，选择"设置单元格格式"→"填充"→"填充效果"进行设置，如图 5.13 所示。

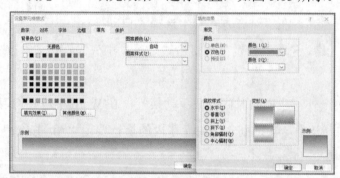

图 5.13　填充效果

7. 复制与粘贴

在办公软件中，复制与粘贴运用得非常频繁。Excel 中的"粘贴"选项比较多，如图 5.14 所示。

　第一行分别是粘贴、公式、公式和数字格式、保留源格式。

　第二行分别是无边框、保留源列宽、转置。保留源列宽是指粘贴后单元格的列宽与源列宽相同。

　第三行分别是值、值和数字格式、值和源格式。

　第四行分别是格式、粘贴链接、图片、链接的图片。格

图 5.14　粘贴

式是指只复制源表格的格式，不改变粘贴范围的值。粘贴链接是指使用公式进行数据引用，自动设置等于公式。图片是指粘贴为图片，插入表格中。链接的图片是指粘贴为图片，通过按"Ctrl+鼠标左键"，可以跳转到源数据位置。

除了复制粘贴外，还可以使用填充柄进行复制，如图 5.15 所示。选中单元格，将鼠标指针移动到单元格右下角，当鼠标指针变成黑色十字形时，向下拖拉即可。

16	14	2021/2/22	台灯	19	23	437	○ 复制单元格(C)
17	15	2021/2/22	铅笔	20	2	40	⊙ 填充序列(S)
18	16	2021/2/22	笔袋	16.5	5	82.5	○ 仅填充格式(F)
19	17	2021/2/22	笔记本	14.8	3	44.4	○ 不带格式填充(O)
20	18	2021/2/22	台灯	13.1	23	301.3	○ 以天数填充(D)
21	19	2021/2/22	铅笔	11.4	2	22.8	○ 填充工作日(W)
22	20	2021/2/22	笔袋	9.7	5	48.5	○ 以月填充(M)
23	21	2021/2/22	笔记本	8	3	24	○ 以年填充(Y)
24	22	2021/2/22	台灯	6.3	23	144.9	
25	23	2021/2/22	笔袋	4.6	5	23	
26	24	2021/2/22	笔记本	2.9	3	8.7	
27							
28							

图 5.15　填充柄

快速复制一个区域的内容有以下几种方法：

① 选中区域，将鼠标指针移动到区域右下角，当鼠标指针变成黑色十字形后，按住鼠标右键拖动，松开鼠标右键，选择"复制单元格"；

② 选中区域，将鼠标指针移动到区域右下角，按住"Ctrl+鼠标左键"拖动。

5.5　Excel 的单元格格式

有时我们为了对齐序号，需要输入"01"而不是 1。但我们输入"01"的时候，发现"0"不见了，这是因为单元格格式默认的是常规格式，"01"被当成数字，这时第一个 0 没有意义，所以会被省略。有时我们输入身份证号码，显示的结果如图 5.16 所示。这是因为单元格最多显示 11 位数字，所以超过 11 位会用科学记数法表示。或者明明输入"1/3"，可显示的结果是"1 月 3 日"。这些都是没有设置正确的单元格格式导致的。

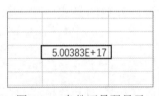

图 5.16　身份证号码显示

单元格格式有以下几种。

1. 常规格式

常规格式不包含特定的数字格式，一般而言，输入什么数据，就显示什么数据，它能自动识别输入的数据是文本还是数字，并且文本左对齐，数字右对齐。

2. 数值格式

数值格式可以选择小数位数，用于提高计算的精度，且数值格式下的数字能进行加、减、乘、除四则运算，而文本格式下的数字不能进行四则运算。另外，数值格式还有针对负数的显示格式，以便与正数区分。

3. 货币格式和会计专用格式

货币格式和会计专用格式，财务工作人员使用得比较多。货币格式主要用于设置货币的显示，会自动加上货币符号和千分位符并保留两位小数。会计专用格式也会使用货币符号，它与货币格式不同的是，货币符号会右对齐，数字会左对齐，可对一列进行快速设置。

4. 日期格式

日期格式主要用于日期的显示。很多人习惯用"."分割"年月日"，如 2018.10.22，这种输入方法是错误的，Excel 无法按照日期格式显示。正确的输入方法有两种：2018-10-21 或 2018/10/21。在输入数据的时候，千万不要把数字和汉字混在一起，否则会为后期的数据统计造成巨大的麻烦。我们常见的带有"年月日"汉字的日期显示方式，可以通过设置日期格式生成，无须手工输入。

5. 时间格式

时间格式用于时间的显示，具体可根据自己的需求设置。正确的时间输入方法是以冒号隔开，如 12:10:12，其他输入方法是错误的，Excel 无法按照时间格式显示。跟日期格式一样，带有汉字的日期显示方式，如 12 时 10 分 12 秒，可以通过设置时间格式实现，无须手工输入。

6. 百分比格式

百分比格式是将数值转换为百分数的格式，默认保留两位小数（可自己设置需要保留的小数位数）。

7. 分数格式

输入分数前需要将数值的格式设置为分数格式。在默认状态下，输入"1/4"会被 Excel 默认显示为"1 月 4 日"，如果设置为分数格式，则会显示为"1/4"（四分之一）。

8．科学记数格式

科学记数格式是数值较大时，会用幂的方式表示。当数值超过 11 位，Excel 会自动使用科学记数法显示。因为有损精度，所以不常使用，这里不多做介绍。在这里需要提一下，Excel 的默认精度为 15 位，这也就是输入的身份证号码第 15 位之后的数字会变成 0 的原因。

9．文本格式

文本包括字母、数字和符号等。当把单元格格式设置为文本格式后，输入的内容与显示的内容完全一致。我们输入身份证号码和银行卡号的时候，提前将单元格格式设置为文本格式，就不会以科学记数法显示。当单元格格式设置为文本格式后，每个单元格左上角都有一个绿色的小三角，提示单元格格式为文本格式。需要注意的是，文本格式不能进行加、减、乘、除四则运算。

10．特殊格式

特殊格式，如邮政编码、中文小写数字、中文大写数字等，此内容了解即可。

遇到输入数据显示不对时，先考虑单元格格式是否正确。

单元格格式可以在"开始"→"数字"中进行设置，如图 5.17 所示，也可以右击单元格，选择"设置单元格格式"进行设置。

图 5.17　设置单元格格式

5.6　Excel 的公式与函数

公式是 Excel 的核心功能，是以"＝"开头的，对地址进行引用的计算形式。公式的作用是确立数据之间的关联关系，使用一种算法并通过其结果来描述这种关联关系。

地址的引用就是用地址表示单元格的内容。引用的方式有相对引用、绝对引用、混合引用，它们的区别在于地址前有没有$，$就像别针一样，别在谁前面，谁就不能动。

① 相对引用：你变它就变，如影随形，如 A2:A5。

② 绝对引用：以不变应万变，如A2。

③ 混合引用："识时务者为俊杰"，根据情况变为$A2 或者 A$2。按"F4"键可以转换引用方式。

函数实际上是 Excel 预定义的一种内置公式，它通过使用一些称为参数的特定数值，按特定的顺序或结构执行计算。

1．运算符

（1）算术运算符

算术运算符见表 5.1。

表 5.1　算术运算符

算术运算符	含义	示例
+（加号）	加	3+3
−（减号）	减	3−3
*（星号）	乘	3*3
/（斜杠）	除	3/3
%（百分号）	百分比	20%
^（脱字符）	乘方	3^2（与 3*3 相同）

（2）关系运算符

关系运算符见表 5.2。

表 5.2　关系运算符

关系运算符	含义	示例
=（等号）	等于	A1=B1
>（大于号）	大于	A1>B1
<（小于号）	小于	A1<B1
>=（大于等于号）	大于等于	A1>=B1
<=（小于等于号）	小于等于	A1<=B1

2．逻辑函数

（1）if

【语法】if(logical_test,value_if_true,value_if_false)

【参数】

① logical_test：给定的判断条件。

② value_if_true：如果条件成立则返回的值。

③ value_if_false：如果条件不成立则返回的值。

【功能】逻辑判断，根据真假返回对应的值。

【注意】Excel 函数中的字母不区分大小写。为了便于读者学习，本书采用小写形式展示函数和相关命令。

【实例】

① 单一条件判断如图 5.18 所示。

C2　=IF(B2>=1500,0.1,0.08)

	A	B	C	D	E
1	姓名	销售额	提成比例	金额	备注
2	李青槐	3,785	10%		
3	周易梦	2,100	10%		

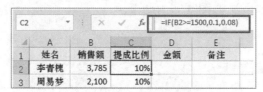

图 5.18　单一条件判断

② 多条件判断如图 5.19 所示。

G2　=IF(F2>=4,5000,IF(F2=3,3000,0))

	A	B	C	D	E	F	G
	品牌	销售员	入职时间	工作年[	员工级	客户评	奖金
2	奥迪	崔亦瑶	2002-11-29	10	A类	4	5000
3	宝马	李乐菱	2001-06-13	11	C类	4	5000
4	奔驰	钱明杰	2006-03-14	7	B类	3	3000

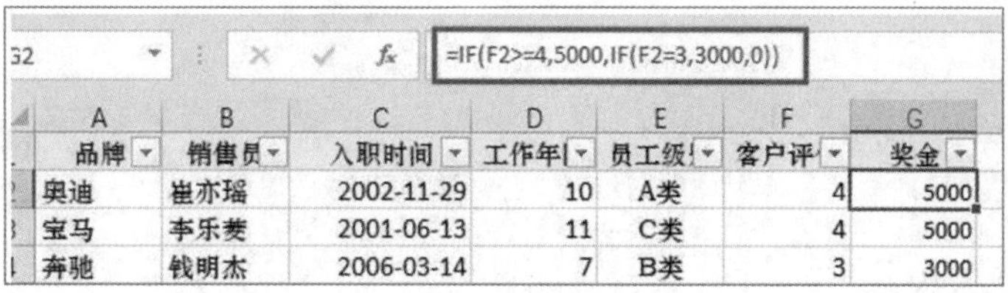

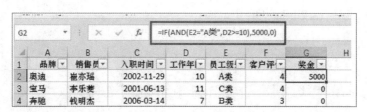

图 5.19　多条件判断

（2）and

and(逻辑判断 1, 逻辑判断 2…)，所有判断都为真，返回 true，否则返回 false。

【实例】

and 的使用方法如图 5.20 所示。

G2　=IF(AND(E2="A类",D2>=10),5000,0)

	A	B	C	D	E	F	G	H
1	品牌	销售员	入职时间	工作年[	员工级	客户评	奖金	
2	奥迪	崔亦瑶	2002-11-29	10	A类	4	5000	
3	宝马	李乐菱	2001-06-13	11	C类	4	0	
4	奔驰	钱明杰	2006-03-14	7	B类	3	0	

图 5.20　and 的使用方法

（3）or

or(逻辑判断 1，逻辑判断 2…)，只要有一个判断为真，则返回 true，否则返回 false。具体使用方法，这里不再举例。

3．文本函数

（1）len

【语法】len(text)

【参数】text：文本内容。

【功能】返回文本串的字符数，也叫文本长度，不区分中英文和数字，都按 1 个字符计数。

【实例】len 函数的用法如图 5.21 所示。

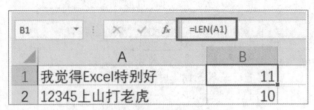

图 5.21　len 函数的用法

（2）left

【语法】left(text,[num_chars])

【参数】

① text：文本内容。

② num_chars：可选参数，指定 left 函数提取字符的个数。

【注意】num_chars 必须大于或等于 0。如果 num_chars 大于文本长度，则 left 函数返回全部文本；如果省略 num_chars，则默认值为 1。

【功能】从文本串左边第一个字符开始，返回指定个数的字符。

（3）right

【语法】right(text,[num_chars])

【参数】

① text：文本内容。

② num_chars：可选参数，指定 right 函数提取字符的个数。

【注意】num_chars 必须大于或等于 0。如果 num_chars 大于文本长度，则 right

函数返回全部文本；如果省略 num_chars，则默认值为 1。

【功能】从文本串右边第一个字符开始，返回指定个数的字符。

（4）mid

【语法】mid(text,start_num,num_chars)

【参数】

① text：文本内容。

② start_num：必填，从文本中哪个位置开始提取，1 代表第一个位置，内容包含第 1 个的值。

③ num_chars：必填，提取长度，也就是提取几个字符。

【功能】从文本串的指定位置提取指定长度的字符。

【实例】身份证号码提取案例如图 5.22 所示。

D	E	F	G
身份证号码	提取生日	提取后6位	提取前三位
1401052007703078715	=MID(D2,7,8)	=RIGHT(D2,6)	=LEFT(D2,3)
5401022008807076461	=MID(D3,7,8)	=RIGHT(D3,6)	=LEFT(D3,3)
3501022002203078655	=MID(D4,7,8)	=RIGHT(D4,6)	=LEFT(D4,3)

图 5.22　身份证号码提取案例

（5）text

【语法】text(内容,格式)

【参数】

① 内容：需要进行格式转换的内容。

② 格式：转换成指定格式。

【功能】格式转换，类似于设置单元格格式中自定义格式的功能。

【实例】text 函数的使用方法如图 5.23 所示。

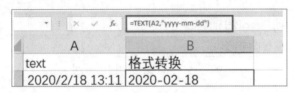

图 5.23　text 函数的使用方法

（6）replace

【语法】replace(old_text, start_num, num_chars, new_text)

【参数】

① old_text：原来的文本。

② start_num：指定从原文本的哪个位置开始。

③ num_chars：提取长度。

④ new_text：把原文本截取的内容替换成新内容。

【功能】根据指定的内容，将原文本部分内容替换成新内容。

【实例】replace 函数的使用方法如图 5.24 所示。

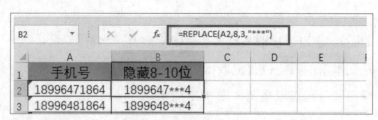

图 5.24　replace 函数的使用方法

（7）find

【语法】find(find_text, within_text, [start_num])

【参数】

① find_text：需要查找的文本。

② within_text：包含需要查找文本的文本。

③ start_num：可选，指定从哪个位置开始。

【功能】根据指定内容查找，返回查找的文本所在位置的起始值。

【实例】find 函数的使用方法如图 5.25 所示。

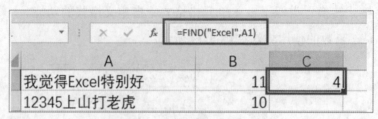

图 5.25　find 函数的使用方法

4. 统计函数

（1）int

【语法】int(number)

【参数】number：一般是小数，正负值都可以。

【功能】将数字向下舍入取整。

【实例】int 函数的使用方法如图 5.26 所示。

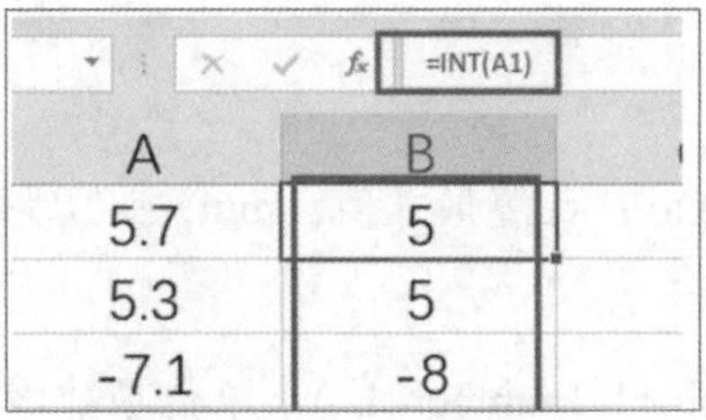

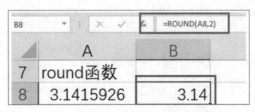

图 5.26　int 函数的使用方法

跟四舍五入不一样，int 是向下舍入取整，因此注意负数的结果。

（2）round

【语法】round(number, num_digits)

【参数】

① number：需要四舍五入的数字。

② num_digits：进行四舍五入的位置，也就是保留几位小数。

【功能】将数字四舍五入到指定的小数位。

【实例】round 函数的使用方法如图 5.27 所示。

图 5.27　round 函数的使用方法

（3）mod

【语法】mod(number, divisor)

【参数】

① number：被除数。

② divisor：除数。

【功能】计算两数相除的余数。

【实例】mod 函数的使用方法如图 5.28 所示。

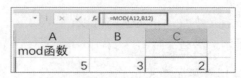

图 5.28 mod 函数的使用方法

（4）计算

average：计算均值。max：计算最大值。min：计算最小值。sum：求和。count：计数。

【语法】函数名称(number1, [number2]...)，以上函数用法相同。

【参数】number：参与计算的数字、引用的单元格或者单元格区域，最多可包含255 个 number。

【功能】用于计算。

【实例】计算函数的使用方法如图 5.29 所示。

序号	笔试成绩	机试成绩		笔试	机试
1	66	30			
2	65	30	最大值	=MAX(B2:B63)	=MAX(C2:C63)
3	67	28	最小值	=MIN(B2:B63)	=MIN(C2:C63)
4	64	30	均值	=AVERAGE(B2:B63)	=AVERAGE(C2:C63)
5	65	29	求和	=SUM(B2:B63)	=SUM(C2:C63)
6	64	30	计数	=COUNT(B2:B63)	=COUNT(C2:C63)

图 5.29 计算函数的使用方法

（5）sumif

【语法】sumif(range, criteria, [sum_range])

【参数】

① range：条件所在的数据区域。

② criteria：给定求和的筛选条件。

③ sum_range：求和区域，若省略，则代表求和区域与条件所在区域一样。

【功能】根据条件求和。

【实例】sumif 函数的使用方法如图 5.30 所示。

图 5.30 sumif 函数的使用方法

（6）sumifs

【语法】sumifs(sum_range, criteria_range1,criteria1,[criteria_range2,criteria2]…)。

【参数】

① sum_range：求和范围。

② criteria_range：条件范围。

③ criteria：条件。条件范围和条件可以根据实际需要增加。

【功能】多条件求和。

【实例】sumifs 函数的使用方法如图 5.31 所示。

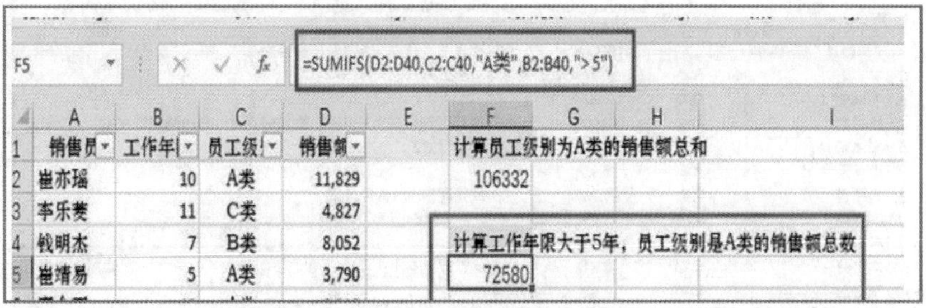

图 5.31　sumifs 函数的使用方法

（7）countif

【语法】countif(range,criteria)

【参数】

① range：计算非空单元格数目的区域。

② criteria：给定的条件。

【功能】条件计数。

【实例】countif 函数的使用方法如图 5.32 所示。

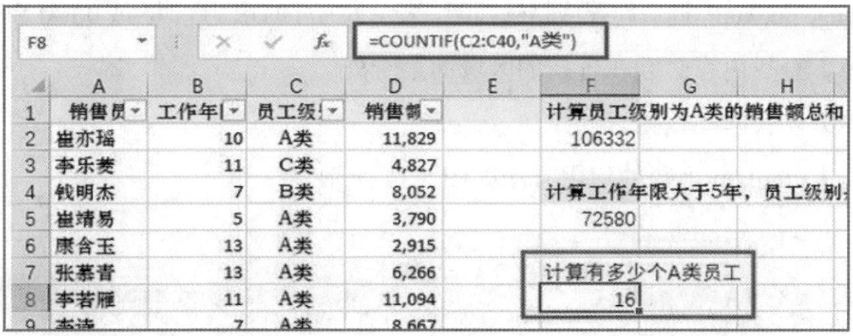

图 5.32　countif 函数的使用方法

（8）countifs

【语法】countifs(criteria_range1, criteria1, [criteria_range2, criteria2]…)

【参数】

① criteria_range：条件区域。

② criteria：条件。

【功能】跟 countif 函数的用法类似，多条件计数。

【实例】countifs 函数的使用方法如图 5.33 所示。

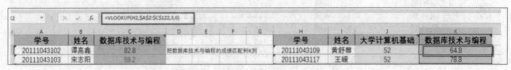

图 5.33　countifs 函数的使用方法

5．查找与引用函数

（1）vlookup

【语法】vlookup(lookup_value,table_array,col_index_num,[range_lookup])

【参数】

① lookup_value：查找的内容。

② table_array：查找的区域。

③ col_index_num：返回数据在查找区域的列数。

④ range_lookup：近似匹配或精确匹配，表示为 1/TRUE（近似）或 0/FALSE（精确）。

【注意】查找内容必须在查找的区域的第一列。

【功能】查找匹配数据。

【实例】vlookup 函数的使用方法如图 5.34 所示。

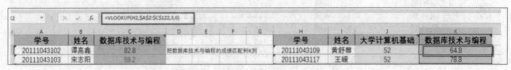

图 5.34　vlookup 函数的使用方法

（2）match

【语法】match(lookup_value, lookup_array, [match_type])

【参数】

① lookup_value：查找的值。

② lookup_array：查找区域。

③ match_type：查找方式。

【功能】返回查找值所在区域的位置。

【实例】match 函数的使用方法如图 5.35 所示。

图 5.35　match 函数的使用方法

6．日期函数

（1）today()：返回当前的日期，例如 2020/2/17。

（2）now()：返回当前系统的日期和时间，例如 2020/2/17 13:14:25。

（3）year(日期)：返回日期所在的年份，例如 year(2020/2/17)→2020。

（4）month(日期)：返回日期所在的月份，例如 month(2020/2/17)→2。

（5）day(日期)：返回日期所在的日，例如 day(2020/2/17)→17。

（6）date

【语法】date(year,month,day)

【参数】

① year：年。

② month：月。

③ day：日。

【功能】拼接日期格式。

【实例】date 函数的使用方法如图 5.36 所示。

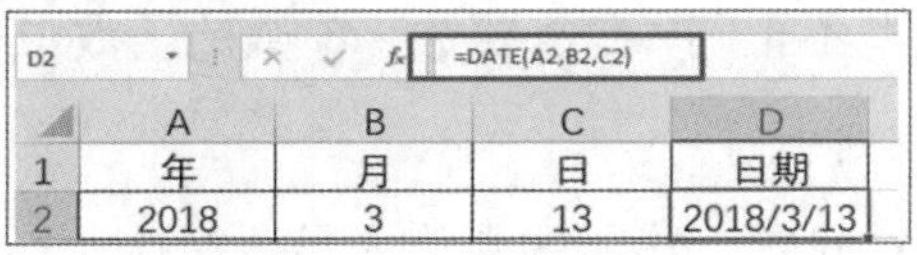

图 5.36　date 函数的使用方法

（7）datedif

【语法】datedif(start_date,end_date, unit)

【参数】

① start_date：开始时间。

② end_date：结束时间。

③ unit：计算单位。

【功能】计算两个日期之间的差值。

【实例】datedif 函数的使用方法如图 5.37 所示。

C	D	E
相差天数	相差月数	相差年数
=DATEDIF(A2,B2,"D")	=DATEDIF(A2,B2,"M")	=DATEDIF(A2,B2,"Y")
=DATEDIF(A3,B3,"D")	=DATEDIF(A3,B3,"M")	=DATEDIF(A3,B3,"Y")

图 5.37　datedif 函数的使用方法

7. 常见错误类型

① #DIV/0!：零作除数。

② #NAME?：在公式中使用了不能识别的名称；删除了公式中使用的名称；使用了不存在的名称；函数名拼写错误。

③ #VALUE!：使用了不正确的参数或运算符；在需要数字或逻辑值时输入了文本。

④ #REF!：引用了无效的单元格地址；删除了公式引用的单元格；将单元格粘贴到其他公式引用的单元格中。

⑤ #NULL!：指定了两个并不相交的区域，故无效；使用了不正确的区域运算符；不正确的单元格引用。

⑥ #N/A：函数或公式中引用了无法使用的数值；内部函数或自定义工作表函数中缺少一个或多个参数；使用的自定义工作表函数不存在；vlookup 函数中的查找值 lookup_value、FALSE/TRUE 参数指定了不正确的值域。

⑦ #NUM!：数字类型不正确，在需要数字参数的函数中使用了不能接受的参数；由公式产生的数字太大或太小。

⑧ ######：列宽设置问题，输入的数值太长，在单元格中无法全部显示。

5.7 使用 Excel 进行数据分析

1. 数据有效性

为了保证输入的数据符合一定的要求，我们需要验证数据的有效性，比如规定某个单元格只能输入指定内容，如图 5.38 所示，具体操作如下。

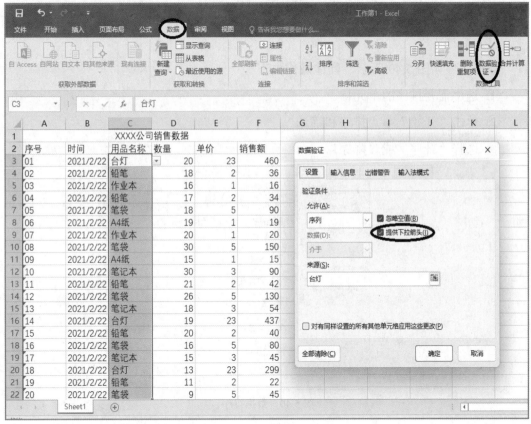

图 5.38 验证数据的有效性

① 选中要操作的单元格。

② 选择"数据"→"数据验证"。

③ 设置验证条件，选择"序列"，勾选"提供下拉箭头"。

需要注意的是，在"来源"输入内容的时候，要用","隔开。

2. 排序

我们可以对数据进行排序，如图 5.39 所示，这样看起来更方便。

序号	时间	用品名称	数量	单价	销售额
01	2021/2/22	台灯	20	23	460
02	2021/2/22	铅笔	18	2	36
03	2021/2/22	作业本	16	1	16
04	2021/2/22	铅笔	17	2	34
05	2021/2/22	笔袋	18	5	90
06	2021/2/22	A4纸	19	1	19
07	2021/2/22	作业本	20	1	20
08	2021/2/22	笔袋	30	5	150
09	2021/2/22	A4纸	15	1	15
10	2021/2/22	笔记本	30	3	90
11	2021/2/22	铅笔	21	2	42

序号	时间	用品名称	数量	单价	销售额
01	2021/2/22	作业本	16	1	16
02	2021/2/22	作业本	20	1	20
03	2021/2/22	台灯	20	23	460
04	2021/2/22	台灯	19	23	437
05	2021/2/22	台灯	13	23	299
06	2021/2/22	台灯	6	23	138
07	2021/2/22	铅笔	18	2	36
08	2021/2/22	铅笔	17	2	34
09	2021/2/22	铅笔	21	2	42
10	2021/2/22	铅笔	20	2	40
11	2021/2/22	铅笔	11	2	22
12	2021/2/22	笔记本	30	3	90
13	2021/2/22	笔记本	18	3	54
14	2021/2/22	笔记本	14	3	42
15	2021/2/22	笔记本	8	3	24
16	2021/2/22	笔袋	18	5	90
17	2021/2/22	笔袋	30	5	150

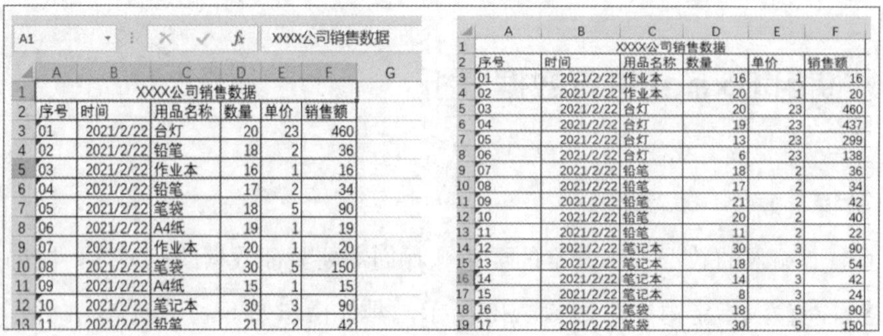

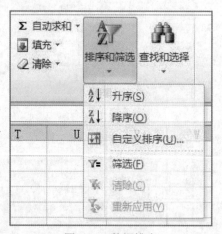

图 5.39　排序

（1）数据排序

数据排序如图 5.40 所示，具体操作如下。

① 选中需要排序的单元格。

② 单击“开始”→“排序和筛选”。

③ 选择“升序”或“降序”。

图 5.40　数据排序

（2）自定义排序

自定义排序的操作如下。

① 选中需要排序的单元格。

② 单击“开始”→“排序和筛选”。

③ 选择“自定义排序”。

④ 在“排序”对话框中，可以添加条件、设置关键字和排序依据。“次序”选择“自定义序列”，如图 5.41 所示，添加序列。

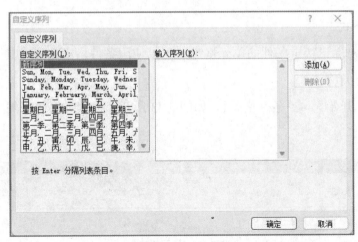

图 5.41　自定义序列

3. 筛选

当我们需要查看某一项内容时，可以使用筛选功能，具体操作如下。

① 选中要操作的单元格。

② 单击"开始"→"排序和筛选"，选择"筛选"。

③ 操作完成后，首行会有下拉箭头，单击箭头可以进行筛选，如图 5.42 所示。

选中单元格，按"Ctrl+Shift+L"快捷键可以快速筛选。

图 5.42　筛选

4．条件格式

当我们需要标记特定条件的单元格时，可以使用条件格式功能，具体操作如下。

① 选中单元格。

② 单击"开始"→"条件格式"，如图 5.43 所示。根据需要选择规则和格式，也可以新建规则。

图 5.43　条件格式

5．数据分类汇总

排序完成后，我们可以对数据进行分类汇总，这样可以快速地把每个类进行分别汇总，具体操作如下。

① 选中单元格。

② 选择"数据"→"分类汇总"，如图 5.44 所示。

图 5.44　数据分类汇总

③ 设置"分类字段""汇总方式"，勾选"选项汇总项"。

我们可以单击左上角数字进行分级显示，如图 5.45 所示。

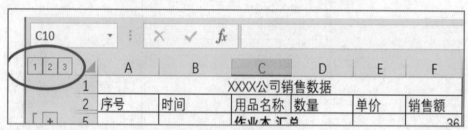

图 5.45　分级显示

6．冻结窗格

不知道大家有没有这样的困惑，在往下翻的时候，忘记了这一列的属性是什么。这个时候我们就可以使用冻结窗格功能，保持首行一直显示。冻结窗格的方法如下。

① 选中单元格。

② 选择"视图"→"冻结窗格"，如图 5.46 所示。

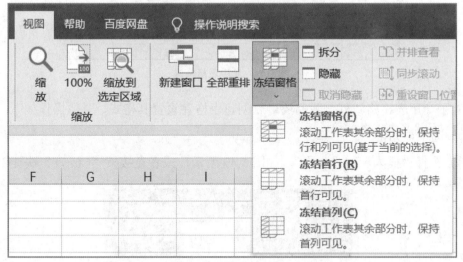

图 5.46　冻结窗格

冻结窗格会冻结我们选择的单元格的上边行和左边列。

7．拆分窗口

如果我们想比较相隔较远的两个不同序号的内容，就可以使用拆分窗口功能。拆分窗口具体操作如下。

① 选择一个单元格。

② 选择"视图"→"拆分"，如图 5.47 所示。

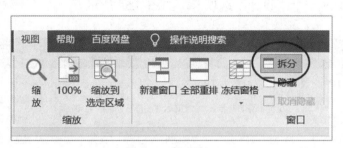

图 5.47　拆分窗口

拆分后的两个窗口可以分别滑动。

8．设置表格格式

图 5.48 中的表格格式简洁，方便我们查看数据。这种常用的表格格式，我们只需要套用即可。具体方法为：在"开始"→"套用表格格式"中选择。

序号	时间	用品名称	数量	单价	销售额
XXXX公司销售数据					
01	2021/2/22	A4纸	19	1	19
02	2021/2/22	A4纸	15	1	15
03	2021/2/22	笔袋	18	5	90
04	2021/2/22	笔袋	30	5	150
05	2021/2/22	笔袋	26	5	130

图 5.48　套用表格格式

除了套用表格格式外，我们还可以创建表格并设置其格式，具体操作如下。

① 选中单元格。

② 选择"插入"→"表格"，如图 5.49 所示，或者直接按"Ctrl+T"快捷键。

图 5.49　插入表格

在"页面布局"选项卡中可以对表格的主题、颜色、字体、效果进行设置，此外，功能区还会多一个"设计"选项卡，如图 5.50 所示。

图 5.50　设置表格格式

在"设计"选项卡中，勾选"汇总行"，表格最后一行会提供汇总选项，单击最后一行对应的单元格，会提供一些汇总的选项。"设计"选项卡中的切片器可以对数据进行组合筛选。

5.8　Excel 图表

1. 数据透视表

数据透视表是一个功能强大的数据分析工具，通过数据透视表可以快速分类汇总大量的数据，并可以根据用户需求，快速变换统计分析维度，以查看统计结果，如图 5.51 所示。

图 5.51　数据透视表

（1）整理数据

使用数据透视表汇总、分析数据的前提是源数据规范且正确。对于源数据有以下要求：

① 不能包含空白的数据行或者列；

② 不能包含多层表头，有且仅有一行标题；

③ 不能包含对数据汇总的小计行；

④ 不能包含合并单元格；

⑤ 数据格式必须统一规范。

（2）数据处理

通过删除重复值对数据进行处理。删除重复值的具体操作如下：

① 选中表格中的一个单元格；

② 选择"数据"→"删除重复项"；

③ 选择合适的"列"，单击"确定"。

（3）创建数据透视表

数据准备好后，我们开始创建数据透视表，具体操作如下：

① 选中单元格，选择"插入"选项卡；

② 选择"数据透视表"，单击"确定"。

默认在一个新的工作表中生成数据透视表，我们也可以选择在现有工作表中生成。

我们做数据透视表的时候，一定要清楚需要分析的数据有哪些，哪些字段应该位于哪个区域，这样才能把字段添加到相应的区域。

数据透视表的结构如图 5.52 所示。

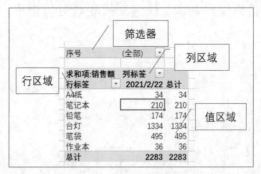

图 5.52　数据透视表的结构

数据透视表的字段如图 5.53 所示。

图 5.53　数据透视表的字段

数据透视表默认有行、列总计，我们可以自行取消，具体操作如下：

① 右击数据透视表，选择"数据透视表选项"；

② 选择"汇总和筛选"，取消勾选"显示行总计"或"显示列总计"。

值区域中默认的是求和的值，我们可以对其进行更改，具体操作如下：

① 单击求和项下拉箭头；

② 选择"值字段设置"，如图 5.54 所示；

图 5.54　值字段设置

③ 更改"值汇总方式"和"值显示方式"。

值汇总方式有最大值、最小值、平均值等，值显示方式有百分比、差异等。

2. 图表分析工具

Excel 图表是 Excel 的一个亮点，无须复杂的编程即可制作规范美观的分析图。直接通过表格很难看出有用的信息，但是如果使用图表就可以很直观地表现数据的价值，如图 5.55 所示。

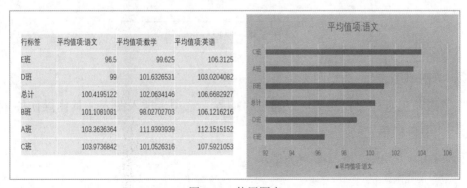

图 5.55　使用图表

（1）图表类型

Excel 提供的图表类型及其用途如下。

① 柱形图或条形图：可以比较数据的大小，也可以强调类别或数据的结构（有时可代替饼图），是最常用的图表类型。

② 饼图：进行比重分析，可以查看不同数据所占的比例。

③ 折线图：查看数据的变化趋势，了解数据的变化情况，判断是否存在异常情况。

④ 面积图：查看数据的范围、区间。

⑤ 雷达图：常用作各种指标的预警。

⑥ 股价图：又称瀑布图，可以轻松地查看数据的增减情况。

⑦ X-Y 散点图或气泡图：对比多组数据。

（2）创建图表

我们可以用跟随工具栏的"快速分析"来创建图表，具体操作如下：

① 选中表格区域；

② 单击右下角"快速分析"图标，如图 5.56 所示；

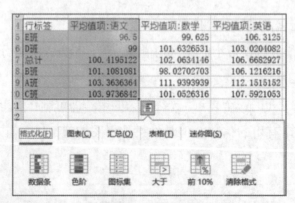

图 5.56　快速分析

③ 单击"图表"，选择图表类型。

除了跟随工具外，我们还可以通过"插入"选项卡插入图表，具体操作如下。

① 选中目标单元格；

② 单击"插入"，选择图表类型。

（3）设置图表

"图表标题"是一个文本框，单击即可进行更改。如果只选中一列数据，那么轴标签会默认使用 1、2、3、4。对于已经生成的图表，我们可以在"设计"→"选择数据"中进行设置，如图 5.57 所示。

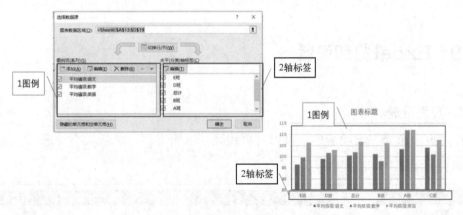

图 5.57 设置图表

图表元素可以在"设计"选项卡中的"添加图表元素"的下拉列表中进行修改，也可以单击图表右侧的"+"，在快捷工具栏中进行修改，如图 5.58 所示。

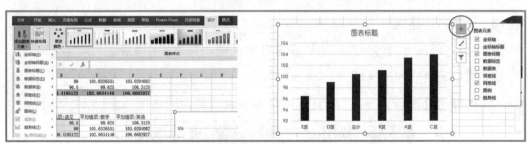

图 5.58 修改图表元素

我们可以在快捷工具栏中改变图表样式，也可以在"设计"选项卡中进行更改，还可以右击图表，选择"设置图表区域格式"设置图表样式，如图 5.59 所示。

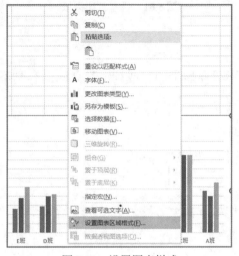

图 5.59 设置图表样式

5.9 Excel 打印设置

1. 页面设置

在"页面布局"选项卡中，可以对页边距、纸张方向、纸张大小等进行设置，如图 5.60 所示。

图 5.60　页面设置

2. 设置打印区域

若想只打印部分内容，我们可以设置打印区域，具体操作如下：

① 选中需要打印的区域；

② 选择"页面布局"→"打印区域"→"设置打印区域"，如图 5.61 所示。

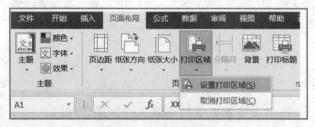

图 5.61　设置打印区域

3. 隐藏行或列

我们可以隐藏一些不需要显示的行或列，隐藏的内容是不会被打印出来的，具体操作如下：

① 选择需要隐藏的行或列；

② 右击行或列，选择"隐藏"即可。

4. 取消隐藏

取消隐藏的具体操作如下：

① 选中隐藏行或列；

② 右击行或列选择"取消隐藏"即可。

课后习题

1．输入自己的身份证号码并自动提取生日。

2．为商品销售表创建数据透视表，并且分析各商品的总销售额。

3．用 vlookup 函数查找商品销售表的单价。

4．用公式计算以下数据。

日期函数	
当前日期：	
出生日期：	
距生日天数：	
宽限天数：	
账单截止日期：	

5．想要正常显示身份证号码，我们应当将单元格格式设置为哪种格式？

第 6 章　PowerPoint 2016

【知识目标】

1. 了解 PowerPoint 2016 的功能及使用方法。

2. 掌握使用 PowerPoint 2016 制作演示文稿的方法。

3. 掌握演示文稿和幻灯片的关系。

4. 掌握演示文稿的基本操作。

5. 掌握幻灯片的基本操作，如幻灯片的添加、删除、移动、复制。

6. 掌握对幻灯片进行美化和修饰的方法。

7. 掌握设置动画的方法。

8. 掌握设置幻灯片切换效果的方法。

【技能目标】

1. 能够创建和个性化设置演示文稿。

2. 能够根据需要设置动画。

3. 能够结合生活、学习和工作需要制作演示文稿。

【素质目标】

1. 培养学生严谨的工作态度。

2. 培养学生开拓创新的思维和能力。

3. 培养学生自主学习、终身学习的意识，使学生具有不断学习和适应发展的能力。

6.1　幻灯片概述

6.1.1　认识 PowerPoint 2016

　　PowerPoint 2016 是一款专业的制作演示文稿的软件，利用它可以制作集文字、声音、图片、动画为一体的演示文稿，简称 PPT。PPT 操作界面如图 6.1 所示。

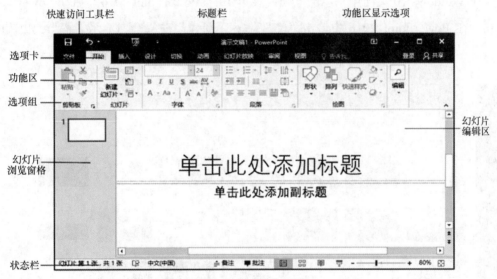

图 6.1　PPT 操作界面

　　演示文稿文件的后缀名有.ppt 和.pptx 两种。

　　".ppt" 文件在 PowerPoint 所有版本中均可打开，而 ".pptx" 文件只能在 PowerPoint 2007 及之后的版本中打开。

6.1.2　认识演示文稿与幻灯片

　　演示文稿和幻灯片是相辅相成的两个部分，演示文稿由幻灯片组成，两者是包含与被包含的关系，每张幻灯片又有自己表达的主题，构成演示文稿的每一页。

　　演示文稿由 "演示" 和 "文稿" 两个词语组成，这说明它是用于演示某种效果而制作的文档，主要用于会议、产品展示和教学等方面。

6.2 演示文稿的基本操作

6.2.1 新建演示文稿

可以根据现有内容新建演示文稿，也可以利用模板新建演示文稿。

1. 新建"空白演示文稿"

在 Windows 10 桌面中，单击"开始"菜单中的"PowerPoint 2016"，启动 PowerPoint 2016。在 PowerPoint 2016 中单击"文件"→"新建"→"空白演示文稿"，如图 6.2 所示。

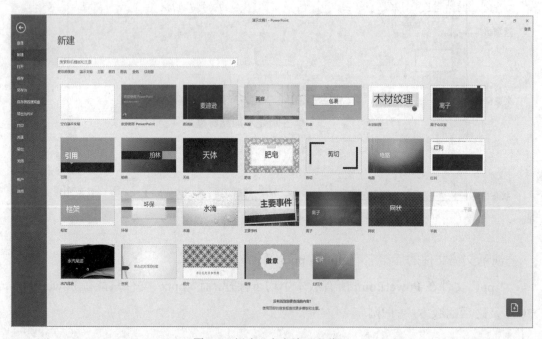

图 6.2　新建"空白演示文稿"

2. 利用模板新建演示文稿

（1）启动 PowerPoint 2016 后，单击"文件"→"新建"。

（2）在"搜索联机模板和主题"框中输入搜索的关键词，按"Enter"键，或者选择搜索框下面"建议的搜索"中的某一个关键词，就会显示满足条件的模板。选择符合主题的模板新建演示文稿，如图 6.3 所示。

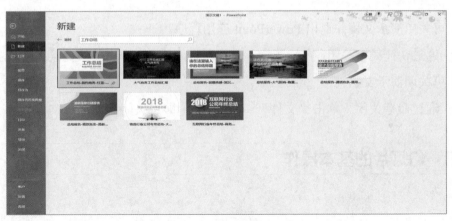

图 6.3　利用模板新建演示文稿

6.2.2　保存演示文稿

保存演示文稿可以通过单击快速访问工具栏中的"保存"或单击"文件"选项卡下的"保存"实现，也可以通过单击"文件"→"另存为"，在"另存为"对话框中选择保存文件的位置实现，如当前文件保存在 D 盘，设置文件名为"工作总结"，单击"保存"按钮，如图 6.4 所示。

图 6.4　保存演示文稿

6.2.3　关闭演示文稿

关闭演示文稿有以下几种方法。

① 通过单击按钮关闭。单击 PowerPoint 2016 操作界面标题栏右上角的"关闭"

按钮，可关闭演示文稿并退出 PowerPoint 应用程序。

② 通过快捷菜单关闭。在标题栏上单击鼠标右键，在弹出的快捷菜单中选择"关闭"即可关闭演示文稿。

③ 通过命令关闭。单击"文件"→"关闭"，即可关闭当前演示文稿。

6.3 幻灯片的基本操作

6.3.1 新建幻灯片

新建幻灯片有以下几种方法。

① 通过"开始"选项卡新建幻灯片。单击"开始"→"新建幻灯片"，选择需要创建的幻灯片的版式。

② 通过"插入"选项卡新建幻灯片。单击"插入"→"新建幻灯片"，选择需要创建的幻灯片的版式。

③ 通过命令新建幻灯片。在幻灯片窗格单击鼠标右键，选择"新建幻灯片"。

④ 通过快捷键新建幻灯片。在幻灯片窗格中，选择任意一张幻灯片的缩略图，按"Enter"键即可新建一张幻灯片。

6.3.2 移动或复制幻灯片

移动或复制幻灯片有以下几种方法。

① 通过拖动鼠标移动或复制幻灯片。在幻灯片/大纲窗格或"幻灯片浏览"视图中选择需移动的幻灯片，按住鼠标左键不放，拖动幻灯片到目标位置后释放鼠标，完成移动操作。在"幻灯片浏览"视图中选择幻灯片后，按住"Ctrl"键的同时拖动幻灯片到目标位置可实现幻灯片的复制。

② 通过菜单命令移动或复制幻灯片。在幻灯片/大纲窗格或"幻灯片浏览"视图中右击需移动或复制的幻灯片，在弹出的快捷菜单中选择"剪切"或"复制"。将鼠标指针定位到目标位置，单击鼠标右键，在弹出的快捷菜单中选择"粘贴"，即可完成幻灯片的移动或复制。

③ 通过快捷键移动或复制幻灯片。在幻灯片/大纲窗格或"幻灯片浏览"视图中

选择需移动或复制的幻灯片，按 "Ctrl+X" 快捷键（移动）或 "Ctrl+C" 快捷键（复制），然后在目标位置按 "Ctrl+V" 快捷键（粘贴），完成幻灯片的移动或复制。

6.3.3　删除幻灯片

删除幻灯片有以下几种方法。

① 在幻灯片窗格中选择需要删除的幻灯片，然后单击鼠标右键，选择 "删除幻灯片"。

② 在幻灯片窗格中选择需要删除的幻灯片，按 "Delete" 键。

6.3.4　播放幻灯片

播放幻灯片有以下几种方法。

① 从头开始播放的快捷键为 "F5"。

② 从当前幻灯片开始播放的快捷键为 "Shift+F5"。

6.3.5　退出幻灯片放映

可随时退出幻灯片放映的快捷键为 "Esc"。

6.4　课堂任务一：制作 "工作总结" 演示文稿

【任务要求】

唐静大学毕业后在一家上市公司工作。年底了，各部门要求员工结合自己的工作情况写一份工作总结，并且在年终总结会议上进行演说。唐静在工作中也使用过 PowerPoint。作为 PowerPoint 的新手，唐静希望在简单操作的情况下实现演示文稿的效果，如图 6.5 所示。

图 6.5　演示文稿的效果

6.4.1　利用模板新建演示文稿并保存

利用模板新建演示文稿并保存的步骤如下。

① 单击"文件"→"新建"，再搜索"平面"，在平面主题浏览窗口中选择合适的模板，单击"创建"按钮，就可以新建演示文稿，如图 6.6 所示。

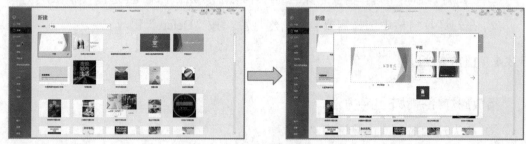

图 6.6　利用模板新建演示文稿

② 在快速访问工具栏中单击"保存"按钮 ，打开"另存为"窗口。单击"浏览"按钮，进入"另存为"对话框。在"另存为"对话框左侧的导航列表中单击"桌面"选项，在"文件名"文本框中输入"工作总结"，单击"保存"按钮，如图 6.7 所示。

图 6.7　保存演示文稿

6.4.2　编辑与设置幻灯片内容

编辑与设置幻灯片内容的步骤如下。

① 新建的演示文稿中有一张"标题幻灯片"，在"单击此处添加标题"文本框中输入"工作总结"，并设置字体为"微软雅黑"，字号为 80，字体颜色的 RGB 值分别

设置为 114、157、81。

② 单击副标题，输入"2021 年度技术部唐静"，字体颜色的 RGB 值分别设置为 144、194、38。

③ 单击"开始"→"新建幻灯片"右下角的按钮，在下拉菜单中选择"标题和内容"选项，如图 6.8 所示。

图 6.8　设置标题和内容

④ 在"标题和内容"幻灯片的文本框中输入文本时，系统默认在文本前添加项目符号，用户不需要手动完成。按"Enter"键对文本进行分段，完成"目录"幻灯片的内容编辑，如图 6.9 所示。

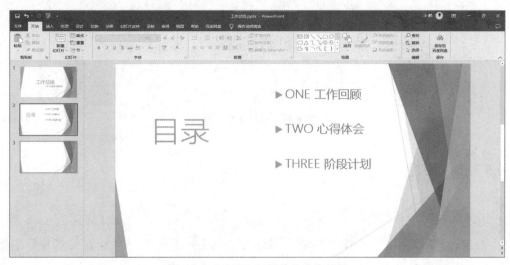

图 6.9　"目录"幻灯片的内容编辑

6.4.3　设置幻灯片母版

为了使每张幻灯片的标题格式保持一致，可以对幻灯片母版进行设置，具体操作如下。

① 单击"视图"→"幻灯片母版"，选择"标题和内容"幻灯片。单击标题，选中标题行文字，设置字体为"微软雅黑"，字号为 32，并设置字体颜色，如图 6.10 所示。

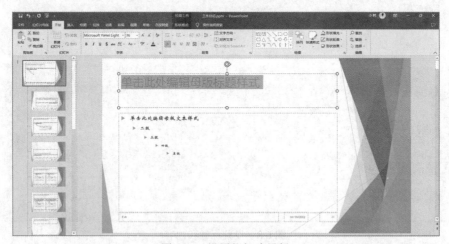

图 6.10　设置幻灯片母版

② 单击"关闭母版视图"，如图 6.11 所示。

图 6.11　关闭母版视图

6.4.4　插入图片

插入图片的步骤如下。

① 在幻灯片窗格中选择"目录"幻灯片，单击"开始"→"新建幻灯片"右下角的按钮，在下拉菜单中选择"标题和内容"选项，新建一张幻灯片。

② 单击"插入"→"图片"选择图片，插入图片并调整其位置，如图 6.12 所示。

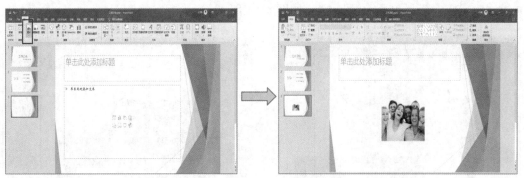

图 6.12　插入图片

③ 设置图片大小。选中插入的图片，将鼠标指针移动到图片左上角，当鼠标指针变为双向箭头时，往右下角方向拖动，将图片缩小到适当大小后释放鼠标。

④ 设置图片样式。单击"图片工具"→"格式"→"图片样式"的下拉按钮，在下拉选框中选择合适的选项，如图 6.13 所示。

图 6.13　设置图片样式

6.4.5　插入形状

插入形状的步骤如下。

① 单击"插入"→"形状"，选择矩形。此时鼠标指针变成十字形状，按住鼠标左键进行拖放，直到矩形大小和图 6.13 中的图片大小一致，释放鼠标。

② 设置形状的填充颜色。单击"绘图工具"→"形状填充"→"其他填充颜色"，RGB 值分别设置为 114、157、81，如图 6.14 所示。

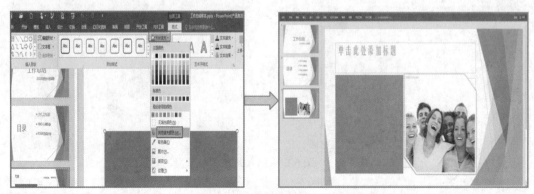

图 6.14　设置形状的填充颜色

6.4.6　使用文本框

使用文本框的步骤如下。

① 在标题行输入文本"引言"，调整标题行的位置和大小。

② 单击"插入"→"文本框"的下拉按钮，在下拉列表中选择"横排文本框"选项。

③ 将鼠标指针移动到幻灯片右上角，单击定位文本插入点，输入文本"乘风破浪，砥砺前行"，并设置字体为"华文新魏"，字号为 24，如图 6.15 所示。

图 6.15　使用文本框

6.4.7　使用图表

使用图表的步骤如下。

① 新建一张"标题幻灯片",插入圆角矩形,并调整其位置及大小。右击该矩形,选择"编辑文字",输入"01",设置字体为"宋体",字号为 199,对齐方式为居中,效果如图 6.16 所示。

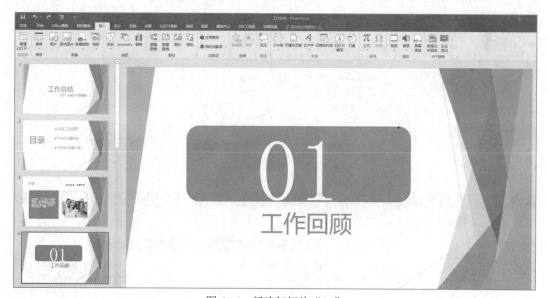

图 6.16　新建幻灯片"01"

② 新建一张"标题和内容"幻灯片,标题行输入"工作完成情况"。在"开始"→"剪贴板"工具栏中单击"格式刷"按钮,此时鼠标指针变为 🖌。使用格式刷将标题行格式设置为与引言相同的格式。

③ 插入图表。单击"插入"→"图表"→"饼图",选择合适的饼图,单击"确定"按钮,如图 6.17 所示。

单击饼图,当鼠标指针变成斜向箭头时,拖动饼图的右上角,按住 Shift 键进行等比例缩小。单击饼图右侧的"+",取消勾选"图表标题"和"图例",具体如图 6.18 所示。

④ 插入形状。插入"肘形连接符",调整到合适大小。

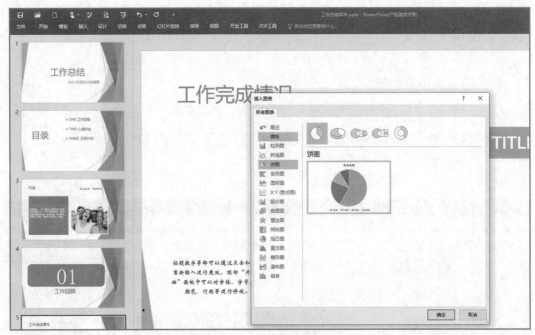

图 6.17　插入图表

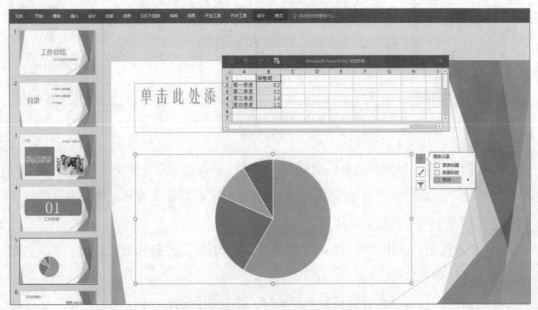

图 6.18　取消勾选"图表标题"和"图例"

⑤ 插入形状。插入 3 个"矩形",设置其填充颜色,并分别输入"项目一""项目二""项目三",设置字体为"华文新魏",字号为 28,并设置字体颜色,如图 6.19 所示。

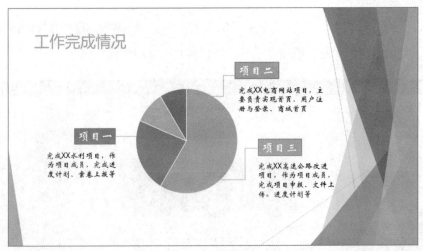

图 6.19　插入矩形并编辑和设置字体

6.4.8　使用表格

使用表格的步骤如下。

① 新建一张"标题和内容"幻灯片，标题行输入"QPA 情况"。

② 插入形状。插入"右箭头"，拖放到合适大小。

③ 插入表格。插入 5 行 5 列表格。首先选中第一列，单击"合并单元格"，输入内容"QPA"。然后选择第一列和表头，单击"表格工具"→"设计"→"底纹"→"其他填充颜色"，RGB 值分别设置为 146、208、80，单击"确定"按钮。最后，在表格中输入内容，效果如图 6.20 所示。

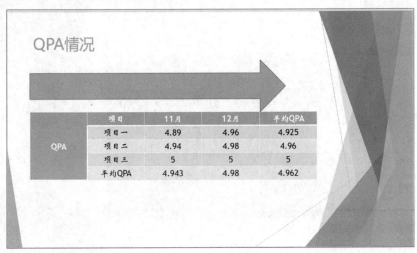

图 6.20　表格使用效果

④ 设置幻灯片内容。复制并粘贴"01"幻灯片，将标题行的"01"修改为"02"，文字"工作回顾"修改为"心得体会"，效果如图 6.21 所示。

图 6.21 设置幻灯片内容效果

⑤ 新建"标题和内容"幻灯片。

⑥ 插入形状。插入"矩形"，将其填充颜色设置为合适的颜色，拖放到合适大小。

⑦ 插入图片。插入图片"成长"，拖放到合适位置并置于顶层。

⑧ 插入文本框，输入"成长"和与成长相关的内容。

⑨ 后面 3 个形状和第一个形状的制作类似，此处省略。"心得体会"幻灯片的效果如图 6.22 所示。

图 6.22 "心得体会"幻灯片的效果

6.4.9　插入 SmartArt 图形

插入 SmartArt 图形的步骤如下。

① 新建一张"标题和内容"幻灯片，选中文本框，按"Delete"键将其删除。单击"插入"→"插图"工具栏中的"SmartArt"按钮。

② 在"选择 SmartArt 图形"对话框中，单击左侧的"棱锥图"选项，选择"棱锥型列表"，单击"确定"按钮。

③ 幻灯片将插入一个带有 3 个文本框的棱锥型列表，在各个文本框中分别输入对应文字即可。右击文本框，在弹出的快捷菜单中选择"添加形状"→"在后面添加形状"或"在前面添加形状"，可以增加文本框。

插入 SmartArt 图形的幻灯片效果如图 6.23 所示。

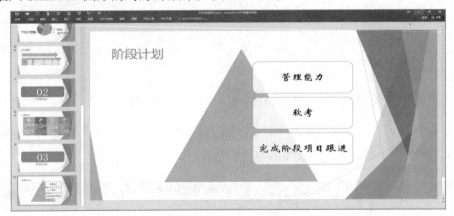

图 6.23　插入 SmartArt 图形的幻灯片效果

6.4.10　插入艺术字

插入艺术字的步骤如下。

① 单击"插入"→"艺术字"，选择合适样式，如图 6.24 所示。

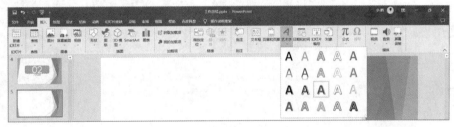

图 6.24　插入艺术字

② 在文本框中输入"Thanks",并设置字体颜色。

6.5 课堂任务二:为"工作总结"演示文稿增加交互和动画效果

6.4 节中制作的演示文稿已经包括图片、文本和表格,为了使演示文稿更具有趣味性,可以适当地为幻灯片中的文字、图片、形状或其他对象添加动画效果,以突出演示文稿的重点。

本任务中,我们为"工作总结"演示文稿增加幻灯片交互和动画效果。本任务主要包括插入音频、插入超链接、设置动画,以及设置幻灯片切换效果和放映方式。

6.5.1 插入音频

插入音频的步骤如下。

① 选择"引言"幻灯片,单击"插入"→"音频"的下拉按钮,在下拉菜单中选择"PC 上的音频"。

② 进入"插入音频"对话框,选择要使用的音频文件,单击"插入"按钮。

③ 将音频文件移动到幻灯片的最下方,在"音频工具"→"播放"中根据自己的需要调整相关参数,参数设置如图 6.25 所示。

图 6.25　音频文件参数设置

6.5.2　插入超链接

超链接是 Web 页面区别于其他媒体的重要特征之一。为了使幻灯片的放映效果更佳、更有交互性，在 PowerPoint 2016 中，可以通过单击超链接从一张幻灯片跳转至另一张幻灯片。超链接的对象可以是文本、图形或其他对象等。

下面以在"目录"幻灯片中插入超链接为例讲解插入超链接的方法。

选择"目录"幻灯片，选中"ONE 工作回顾"，单击"插入"→"超链接"按钮，选择"本文档中的位置"。在"请选择文档中的位置"中选择"幻灯片 4"，如图 6.26所示。

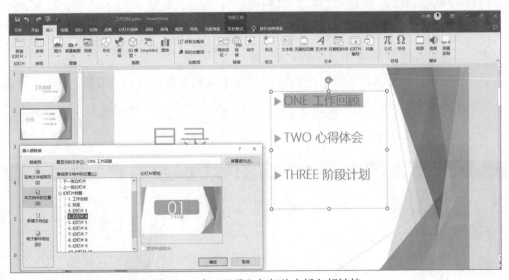

图 6.26　在"目录"幻灯片中插入超链接

在幻灯片放映过程中，将鼠标指针放到插入超链接的文字上时，鼠标指针会变成小手形状，单击就可以跳转到对应的幻灯片。

6.5.3　设置动画

为了使演示文稿更加富有动感，更加吸引观众的注意力，强调重点内容，在创建演示文稿时，可以为幻灯片中的文本和其他对象添加动画效果，使幻灯片中的对象以不同方式出现。动画效果在用户放映幻灯片时才能看到。PowerPoint 2016 提供了多种预设的动画效果，用户可以直接使用。

1. 动画类型

对象的动画类型有进入、强调、退出和动作路径 4 种。

① 进入是指对象进入幻灯片的动画效果。

② 强调是指对象本身已经在幻灯片中，以特定的动画效果突出显示，从而起到强调作用。

③ 退出是指对象本身已经在幻灯片中，以特定的动画效果离开幻灯片。

④ 动作路径是指对象按照用户绘制的或系统预设的路径移动。

2. 设置动画

在本任务中需要对幻灯片"工作完成情况"和"QPA 情况"进行动画设置。对幻灯片"工作完成情况"设置动画的步骤如下。

① 选择幻灯片"工作完成情况"，选中饼图，单击"动画"→"浮入"。选择"动画窗格"，可以显示添加的所有动画。

② 选择项目一文本框、项目一内容说明文本框和肘形连接符，设置"飞入"动画。

③ 在动画窗格中，选择上述 3 个对象，单击鼠标右键，选择"从上一项开始"。设置动画如图 6.27 所示。

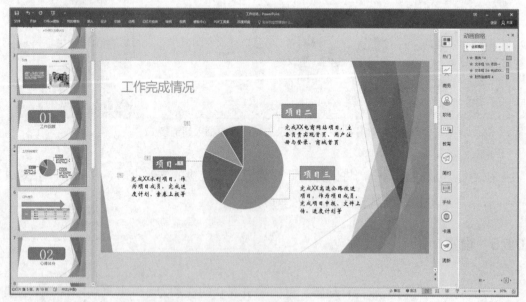

图 6.27　设置动画

重复上述操作，分别完成项目二相关对象、项目三相关对象的动画设置。幻灯片"工作完成情况"的动画设置如图 6.28 所示。

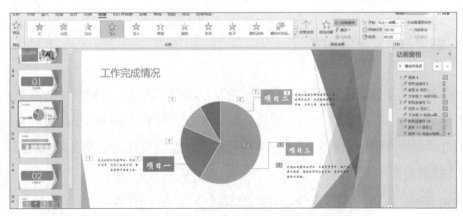

图 6.28　幻灯片"工作完成情况"的动画设置

以同样的方法,将幻灯片"QPA 情况"中的箭头设置为"浮入"动画,表格对象设置为"擦除"动画。

6.5.4　设置幻灯片切换效果

幻灯片切换效果是指在幻灯片放映过程中,从一张幻灯片过渡到下一张幻灯片时出现的类似动画的效果。在默认情况下,幻灯片之间没有设置切换效果,但在制作演示文稿的过程中,用户可根据需要添加适当的切换效果,以得到更好的视觉效果。幻灯片切换效果可以控制每张幻灯片切换的速度,还可以为其添加声音。

选择一张幻灯片,单击"切换",选择"擦除"即可设置幻灯片切换效果,如图 6.29 所示。

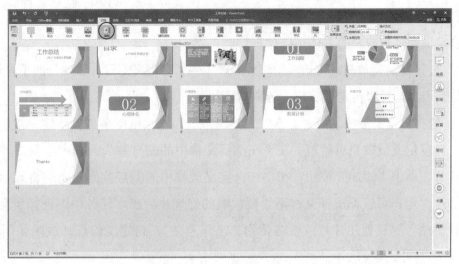

图 6.29　设置幻灯片切换效果

6.5.5 设置幻灯片放映方式

制作演示文稿的目的就是把文稿演示给观众观看，因此设置幻灯片的放映方式也是很关键的步骤。在默认情况下，幻灯片的放映方式为手动放映。根据实际需要，可以对幻灯片设置不同的放映方式，如演讲者放映、观众自行浏览和在展台浏览。

1. 放映类型

PowerPoint 2016 提供了 3 种幻灯片的放映类型：演讲者放映、观众自行浏览和在展台浏览。用户可以根据需要，选择合适的放映类型。

（1）演讲者放映

演讲者放映是最常用的放映类型，放映时可以全屏显示。演讲者对幻灯片的播放具有完全的控制权，并可以采用自动或人工方式进行放映，鼠标指针在屏幕上出现，放映过程中允许激活控制菜单，能进行画线、调整播放顺序等操作。

（2）观众自行浏览

观众自行浏览时，标准窗口会显示幻灯片、标题栏和状态栏，方便用户对幻灯片进行切换、编辑、复制和打印操作。

（3）在展台浏览

在展台浏览不需要专人控制幻灯片的播放，幻灯片可以自动运行，适合在展览会或其他需要全屏放映幻灯片的场景使用。在放映过程中，除了保留鼠标指针用于选择屏幕对象进行放映外，其他功能将全部失效，要终止放映只能按"Esc"键。

2. 自定义幻灯片放映

自定义幻灯片放映的具体操作如下。

① 选择自定义放映。单击"幻灯片放映"→"自定义幻灯片放映"的下拉按钮，在下拉列表中选择"自定义放映"选项。

② 选择自定义放映幻灯片。在"自定义放映"对话框中单击"新建"按钮，进入"定义自定义放映"对话框。在"在演示文稿中的幻灯片"列表中选择需要放映的幻灯片，单击"添加"按钮，在"在自定义放映中的幻灯片"列表中将显示选择的幻灯片。用户可以不选择某些不需要放映的幻灯片。在本任务中，选择所有幻灯片进行放映，并设置幻灯片放映名称为"工作总结"。自定义幻灯片放映如图 6.30 所示。

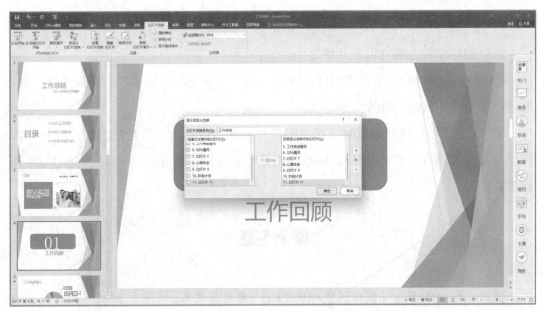

图 6.30　自定义幻灯片放映

3．设置幻灯片放映方式

设置幻灯片放映方式的步骤为：单击"幻灯片放映"→"设置幻灯片放映"，在"设置放映方式"对话框中选择"放映类型"为"演讲者放映（全屏幕）"，"放映选项"为"放映时不加旁白"，"放映幻灯片"为"全部"，其他设置选择默认即可，参数设置如图 6.31 所示。

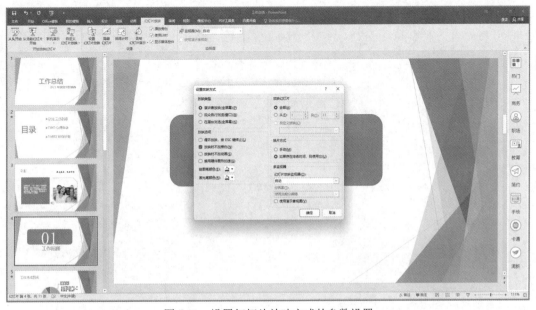

图 6.31　设置幻灯片放映方式的参数设置

4. 放映幻灯片

放映幻灯片的方法有以下几种。

① 从头开始放映。单击"幻灯片放映"→"从头开始"按钮，或者按"F5"键，就可以从头开始放映幻灯片。

② 从当前幻灯片开始放映。在"幻灯片放映"中单击"从当前幻灯片开始"按钮，或者按"Shift+F5"快捷键，或单击幻灯片右下角的 ▾ 按钮，可从当前幻灯片开始放映。

课后习题

搜集本班级的照片并制作班级相册 PPT。要求有文本、图片、形状等元素，并设置幻灯片切换效果和放映方式。

第 7 章　网络安全

【知识目标】

 1. 掌握网络安全的基本知识。

 2. 掌握网络安全体系的基本知识。

 3. 掌握网络安全法规的知识。

【素质目标】

 1. 具有良好的职业道德、爱岗敬业精神和责任意识。

 2. 具有良好的网络安全意识，能够营造和谐的网络环境。

7.1　网络安全的概念及体系

7.1.1　网络安全相关概念

《ISO 7498-2：1989 信息处理系统　开放系统互连　基本参考模型　第 2 部分：安全体系结构》中定义，安全就是最小化资产和资源的漏洞。资产可以指任何事物。漏洞是指任何可以破坏系统或信息的弱点。

网络安全（Network Security）是一门涉及计算机科学、网络技术、通信技术、密码技术、信息安全技术、应用数学、数论、信息论等多种学科的综合性科学。

网络安全是指网络系统的硬件、软件及其系统中的数据受到保护，不因偶然的或者恶意的原因遭到破坏、更改、泄露，保证系统连续、可靠、正常地运行，网络服务不中断。

网络安全相关的概念有以下几个。

① 计算机安全：通常采取适当行动保护数据和资源，使它们免受偶然或恶意动作的伤害。

② 数据的完整性：数据所具有的特性，即无论数据形式发生何种变化，数据的准确性和一致性均保持不变。

③ 保密性、机密性：数据所具有的特性，即数据达到的未提供或未泄露给未授权的个人、过程或其他实体的程度。

④ 可用性：数据或资源的特性，被授权实体按要求能访问和使用数据或资源。

⑤ 风险评估：一种系统的方法，用于标识数据处理系统的资产、对这些资产的威胁及该系统对这些威胁的脆弱性。

⑥ 威胁：一种潜在的计算机安全违规。

⑦ 脆弱性：数据处理系统中的弱点或纰漏。

⑧ 风险：特定的威胁利用数据处理系统中特定的脆弱性的可能性。

⑨ 主体：能访问客体的主动实体。

⑩ 客体：存在于主体之外的客观事物。

⑪ 敏感信息：由权威机构确定的必须受保护的信息，因为该信息的泄露、修改、破坏或丢失都会对人或事产生可预知的损害。

⑫ 密码学：一门学科，包含数据变换的原则、手段及方法，以便隐藏数据的语义内容，防止未经授权的使用或未经检测的修改。

7.1.2 网络安全体系

概念：网络安全体系是网络安全保障系统的最高层概念抽象，是由各种网络安全单元按照一定的规则组成的，共同实现网络安全的目标。

组成：网络安全体系包括法律法规、政策文件、安全策略、组织管理、技术措施、标准规范、安全建设与运营、人员队伍、教育培训、产业生态、安全投入等多种要素。

特征：整体性（全局、长远角度），协同性（安全机制相互协调），过程性（覆盖保护对象全生命周期），全面性（多维度、多层次），适应性（动态演变）。

1. PDR 模型

PDR 模型源自美国国际互联网安全系统公司提出的自适应网络安全模型，是一个可量化、可数学证明、基于时间的安全模型。

PDR 的含义如下。

① 防护（Protection，P）：采用一系列手段，如识别、认证、授权、访问控制、数据加密等，保障数据的保密性、完整性、可用性、可控性及不可否认性等。

② 检测（Detection，D）：利用各类工具检查系统可能存在的可导致黑客攻击、病毒泛滥的脆弱性，即入侵检测、病毒检测等。

③ 响应（Response，R）：对危及安全的事件、行为、过程及时做出响应，杜绝危害进一步扩大，力求将安全事件的影响降到最低。

PDR 模型是基于时间的安全理论基础之上的。在该模型的基本思想中，响应是信息安全相关的所有活动，无论是攻击行为、防护行为、检测行为还是响应行为，都要消耗时间，因此可以用时间尺度衡量一个体系的能力和安全性。

2．P2DR 模型

P2DR 模型由 4 个主要部分组成：策略（Policy）、防护、检测及响应。

P2DR 模型在整体的安全策略的控制和指导下，综合运用防护工具（如防火墙、身份认证、加密等）的同时，利用检测工具（如漏洞评估、入侵检测系统）了解和评估系统的安全状态，通过适当的响应将系统调整到一个比较安全的状态。策略、防护、检测及响应组成了一个完整的、动态的安全循环。

P2DR 模型各部分的职责和关系如下。

① 策略是 P2DR 模型的核心，意味着网络安全要达到的目标，采取各种措施的强度。

② 防护是安全的第一步，包括制定安全规章（以安全策略为基础制定安全细则）、配置系统安全（配置操作系统、安装补丁等）、采用安全措施（安装和使用防火墙、VPN 等）。

③ 检测是对策略和防护的补充，通过检测发现系统或网络的异常情况，发现可能的攻击行为。

④ 响应是在发现异常或攻击行为后系统自动采取的行动。目前的入侵响应比较单一，主要是关闭端口、中断连接、中断服务等。

3．P2DR2 模型

P2DR2 模型是在 P2DR 模型上的扩充，即策略、防护、检测、响应及恢复。

P2DR2 模型与 P2DR 模型非常相似，二者的区别在于 P2DR2 模型增加了恢复环节并将之提到了和防护、检测、响应环节相同的高度。

4．P2OTPDR2 模型

P2OTPDR2 模型是在 P2DR2 模型上的再次扩充，即策略、人（People）、操作（Operation）、技术（Technology）、防护、检测、响应及恢复。

在策略的核心指导下，人、操作、技术 3 个要素紧密结合、协同作用，最终实现信息安全的 4 项功能，即防护、检测、响应、恢复，构成完整的信息安全体系。

7.2 网络安全法律法规

7.2.1 《中华人民共和国网络安全法》相关规定

《中华人民共和国网络安全法》（以下简称《网络安全法》）自 2017 年 6 月 1 日起施行。这部法律是我国网络空间安全的基本法律，声明了网络空间的国家主权，并对不同参与方提出了提纲性的管理要求，为后续法律细则的制定奠定了基础。

《网络安全法》共七章，总计七十九条，涉及国家、用户、网络运营者、提供商（产品服务）、网信相关部门等。

《网络安全法》对网络安全建设、参与人员和组织提出了明确的法律要求，节选如下。

第二十七条 任何个人和组织不得从事非法侵入他人网络、干扰他人网络正常功能、窃取网络数据等危害网络安全的活动；不得提供专门用于从事侵入网络、干扰网络正常功能及防护措施、窃取网络数据等危害网络安全活动的程序、工具；明知他人从事危害网络安全的活动的，不得为其提供技术支持、广告推广、支付结算等帮助。

第四十四条 任何个人和组织不得窃取或者以其他非法方式获取个人信息，不得非法出售或者非法向他人提供个人信息。

第四十六条 任何个人和组织应当对其使用网络的行为负责，不得设立用于实施诈骗，传授犯罪方法，制作或者销售违禁物品、管制物品等违法犯罪活动的网站、通讯群组，不得利用网络发布涉及实施诈骗，制作或者销售违禁物品、管制物品以及其他违法犯罪活动的信息。

第四十八条 任何个人和组织发送的电子信息、提供的应用软件，不得设置恶意程序，不得含有法律、行政法规禁止发布或者传输的信息。

电子信息发送服务提供者和应用软件下载服务提供者，应当履行安全管理义务，知道其用户有前款规定行为的，应当停止提供服务，采取消除等处置措施，保存有关记录，并向有关主管部门报告。

第六十条　违反本法第二十二条第一款、第二款和第四十八条第一款规定，有下列行为之一的，由有关主管部门责令改正，给予警告；拒不改正或者导致危害网络安全等后果的，处五万元以上五十万元以下罚款，对直接负责的主管人员处一万元以上十万元以下罚款：

（一）设置恶意程序的；

（二）对其产品、服务存在的安全缺陷、漏洞等风险未立即采取补救措施，或者未按照规定及时告知用户并向有关主管部门报告的；

（三）擅自终止为其产品、服务提供安全维护的。

第六十三条　违反本法第二十七条规定，从事危害网络安全的活动，或者提供专门用于从事危害网络安全活动的程序、工具，或者为他人从事危害网络安全的活动提供技术支持、广告推广、支付结算等帮助，尚不构成犯罪的，由公安机关没收违法所得，处五日以下拘留，可以并处五万元以上五十万元以下罚款；情节较重的，处五日以上十五日以下拘留，可以并处十万元以上一百万元以下罚款。

单位有前款行为的，由公安机关没收违法所得，处十万元以上一百万元以下罚款，并对直接负责的主管人员和其他直接责任人员依照前款规定处罚。

违反本法第二十七条规定，受到治安管理处罚的人员，五年内不得从事网络安全管理和网络运营关键岗位的工作；受到刑事处罚的人员，终身不得从事网络安全管理和网络运营关键岗位的工作。

第六十四条　网络运营者、网络产品或者服务的提供者违反本法第二十二条第三款、第四十一条至第四十三条规定，侵害个人信息依法得到保护的权利的，由有关主管部门责令改正，可以根据情节单处或者并处警告、没收违法所得、处违法所得一倍以上十倍以下罚款，没有违法所得的，处一百万元以下罚款，对直接负责的主管人员和其他直接责任人员处一万元以上十万元以下罚款；情节严重的，并可以责令暂停相关业务、停业整顿、关闭网站、吊销相关业务许可证或者吊销营业执照。

违反本法第四十四条规定，窃取或者以其他非法方式获取、非法出售或者非法向他人提供个人信息，尚不构成犯罪的，由公安机关没收违法所得，并处违法所得一倍以上十倍以下罚款，没有违法所得的，处一百万元以下罚款。

7.2.2　《中华人民共和国计算机信息系统安全保护条例》相关规定

《中华人民共和国计算机信息系统安全保护条例》相关规定节选如下。

第七条　任何组织或者个人，不得利用计算机信息系统从事危害国家利益、集体利益和公民合法利益的活动，不得危害计算机信息系统的安全。

7.2.3　《计算机信息网络国际联网安全保护管理办法》相关规定

《计算机信息网络国际联网安全保护管理办法》相关规定节选如下。

第六条　任何单位和个人不得从事下列危害计算机信息网络安全的活动。

（一）未经允许，进入计算机信息网络或者使用计算机信息网络资源的。

（二）未经允许，对计算机信息网络功能进行删除、修改或者增加的。

（三）未经允许，对计算机信息网络中存储、处理或者传输的数据和应用程序进行删除、修改或者增加的。

（四）故意制作、传播计算机病毒等破坏性程序的。

（五）其他危害计算机信息网络安全的。

7.3　网络安全意识

7.3.1　个人信息安全

互联网的诞生，为人们开启了一片新的交流空间。因网络的虚拟性和开放性，人们在网上进行快捷、高效的沟通时，也存在着个人信息泄露的危险。

如果想保护个人隐私，需要注意以下几点。

1. 口令设置

日常上网需要用到的口令，大致可分为 4 类：财产类，通信、工作、隐私类，常用类及临时类。对于不同的种类，应根据不同的口令策略，设置不同的口令。

2．口令策略

除了根据不同口令策略设置口令外，建议不同口令之间低关联，更不存在某种规律，以此降低口令被猜中的概率。

3．谨慎使用公共设备

在公共场合，尽量不连接公共 Wi-Fi，不使用公共手机充电桩。

4．限制 App 功能

手机 App 中的涉及个人隐私的功能，要谨慎使用，避免被有心之人利用，如"附近的人""常去的地点""允许定位""允许陌生人查看朋友圈"等。

5．个人隐私信息保护

日常生活中涉及个人信息的载体，尽量做到隐藏后再发送，如银行账户信息、火车票、飞机票、证件、车牌、家人照片等。

6．关闭不需要的功能服务

个人网络设备中有很多功能，每个人需求不同，有些服务不需要使用，就应该及时关闭，如文件打印共享服务等。

7.3.2　办公安全

保证计算机信息系统各种设备的物理安全，是保证整个计算机信息系统安全的前提。物理安全是指保护计算机网络设备、设施及其他媒体免遭地震、水灾、火灾等事故，以及人为操作失误、错误或者各种计算机犯罪行为导致的破坏。

1．物理安全

① 设备安全：主要包括设备的防盗、防毁、防电磁信息辐射泄露、防止线路截获、抗电磁干扰及电源保护等。

② 物理访问控制安全：建立访问控制机制，控制并限制所有对信息系统计算、存储和通信系统设施的物理访问。

2．环境安全

为了确保计算机处理设施能正确、连续地运行，要考虑及防范火灾、电力供应中断、爆炸物、化学品等，还要考虑环境的温度和湿度是否适宜，因此必须建立环境状况监控机制，监控可能影响计算机处理设施的环境状况。

7.3.3　计算机相关从业道德

随着 21 世纪社会信息化程度的日趋深化，以及社会各行各业计算机应用的广泛普及，计算机信息系统安全问题已成为当今社会的主要课题之一。随之而来的计算机犯罪也越来越猖獗，它已对国家安全、社会稳定、经济建设及个人合法权益构成了严重威胁。

从国家层面而言，要制定和完善信息安全法律法规及建立健全信息系统安全调查制度和体系，宣传信息安全道德规范；从公民的层面而言，要培养自己的职业道德素养，做一个遵纪守法的公民。

发达国家关注计算机安全立法是从 20 世纪 70 年代开始的，瑞典早在 1973 年就颁布了《数据法》，这是世界上首部直接涉及计算机安全问题的法规。1983 年，美国颁布了《可信计算机系统评价准则》，又称橙皮书。橙皮书对计算机的安全级别进行了分类，分为 D、C、B、A 级，由低到高。D 级暂时不分子级；C 级分为 C1 和 C2 两个子级，C2 比 C1 提供更多的保护；B 级分为 B1、B2 和 B3 三个子级，由低到高；A 级暂时不分子级。

我国颁布的与计算机安全相关的法律法规有：1994 年颁布的《中华人民共和国计算机信息系统安全保护条例》，1997 年颁布的《计算机信息网络国际联网安全保护管理办法》，2001 年颁布的《计算机软件保护条例》，2016 年颁布的《中华人民共和国网络安全法》，2021 年颁布的《中华人民共和国数据安全法》等。

课后习题

1. 简述网络安全体系的概念。
2. 简述网络安全体系的组成。
3. 简述网络安全体系的特征。
4. 简述 P2DR 模型的组成。
5. 简述 P2OTPDR2 模型的概念。

第8章　新一代信息技术

【知识目标】

    1. 掌握物联网的基本知识。

    2. 掌握大数据的基本知识。

    3. 掌握人工智能的基本知识。

【素质目标】

    1. 具有良好的职业道德，爱岗敬业精神和责任意识。

    2. 认识自身发展的重要性，制订发展的目标。

8.1　新一代信息技术介绍

近年来，以物联网、云计算、大数据、人工智能、区块链为代表的新一代信息技术产业正在酝酿着新一轮的信息技术革命。新一代信息技术产业不仅重视信息技术本身和商业模式的创新，而且强调将信息技术渗透、融合到社会和经济发展的各个行业，推动其他行业的技术进步和产业发展。新一代信息技术产业发展的过程，实际上是信息技术融入涉及社会经济发展的各个领域、创造新价值的过程。

8.1.1　物联网

物联网（Internet of Things，IoT）是信息科技产业的第三次革命。物联网是指通过信息传感设备，按约定的协议将任何物体与网络相连接，物体通过信息传播介质进行信息交换和通信，以实现智能化识别、定位、跟踪、监管等功能。物联网的概念，国际上普遍认为是由麻省理工学院 Auto-ID 中心的凯文·阿什顿教授在研究射频识别（Radio Frequency Identification，RFID）技术时提出来的。

8.1.2 云计算

"云"实际上就是一个网络，云计算就是一种提供资源的网络，使用者可以随时获取"云"上的资源，按需使用，并且可以将其看作是无限扩展的，只需按需付费即可。"云"就像自来水厂一样，人们可以随时用水，并且不限量，只需根据各自的用水量付费给自来水厂即可。

云计算不是一种全新的网络技术，而是硬件技术和网络技术发展到一定阶段出现的一种技术总称。通常，技术人员在绘制系统结构图时会用一朵云表示网络。云计算并不是对某一种独立技术的称呼，而是对实现云计算所需要的所有技术的总称。

8.1.3 大数据

大数据（BigData）也称为巨量资料，是一个数量特别大、类别特别多的数据集，且此数据集无法使用传统数据库工具对其内容进行获取、管理和处理。

大数据技术的战略意义不在于掌握庞大的数据信息，而在于对这些含有意义的数据进行专业化处理。换而言之，如果将大数据比作一种产业，那么这种产业实现盈利的关键在于提高对数据的"加工能力"，通过"加工"实现数据的"增值"。

从技术上看，大数据与云计算的关系就像一枚硬币的正反面一样密不可分。大数据无法使用单台计算机进行处理，必须采用分布式架构。大数据的特色在于对海量数据进行分布式数据挖掘，但它必须依托云计算的分布式处理、分布式数据库、云存储和虚拟化技术。

8.1.4 人工智能

"人工智能"最初是在 1956 年达特茅斯（Dartmouth）会议上提出的。人工智能是指由人工制造的计算系统所表现出来的智能，可以概括为研究智能程序的一门科学。其主要研究目标是用机器来模仿和执行人脑的某些智力活动，探究相关理论、研发相应技术，如判断、推理、识别、感知、理解、思考、规划、学习等活动。人工智能研究的领域比较广泛，包括机器人、语言识别、图像识别及自然语言处理等。

人工智能技术已经渗透到人们日常生活的各个方面，涉及的行业也很多，如游戏、新闻媒体、金融，并运用于各种领先的研究领域，如量子科学。

8.1.5　区块链

区块链是一个信息技术领域的术语。从本质上来讲，区块链是一个共享数据库。从应用视角来看，区块链是一个分布式的共享账本，具有去中心化、不可篡改、全程留痕、可以追溯、集体维护、公开透明等特点。基于这些特征，区块链技术奠定了坚实的"信任"基础，创造了可靠的"合作"机制，具有广阔的应用前景。区块链丰富的应用场景，基本上都基于区块链能够解决信息不对称问题，实现多个主体之间的协作信任与一致行动。

8.2　新一代信息技术的应用

人们通过云计算及大数据技术，对交通数据进行分析和计算，可以掌握整个城市的交通流量及交通拥堵状况；通过人工智能技术可以做出合理的决策，对所有道路上的车辆进行路径规划，辅以交通调度。这样可以最大程度地提升城市的运力，同时大幅度降低交通事故的发生概率，为人们的出行提供更安全、更高效、更方便的保障。

8.2.1　人脸识别

人脸识别几乎是目前应用最广泛的一种机器视觉技术，随着深度学习的发展，人脸识别准确率已经超过了人类的平均水平，基于卷积神经网络技术应用的图像识别技术进一步提高了图像的识别率。通过人脸识别能够快速识别身份，因此在支付等诸多领域，"刷脸支付"已经成为一种成熟的支付方式。

人脸识别需要积累大量人脸图像相关的数据用来验证算法，以此不断提高识别准确性。这些数据来自神经网络人脸识别数据（A Neural Network Face Recognition Assignment）、ORL 人脸数据库、麻省理工学院生物和计算学习中心人脸识别数据库等。

人脸识别系统主要包括 4 个部分，分别为人脸图像采集及检测、人脸图像预处理、人脸图像特征提取及匹配与识别。

8.2.2　自动驾驶

　　汽车领域正在开启一场智能化革命。近年来，新能源汽车不断发展，自动驾驶技术不断取得突破，人工智能技术与汽车领域的研究结合越来越紧密。随着科学的发展，越来越多的以前只能存在人们脑海中的设想逐渐因为科学技术的进步而变为现实。

　　在现有的驾驶环境中，所有汽车的内部空间都具有一个特性，即转向盘是控制汽车不可或缺的部分。自动驾驶通过给车辆装备智能软件和多种感应设备，如车载传感器、雷达、GPS 及摄像头等，根据感知所获得的道路上的车辆位置和障碍物信息，控制车辆的转向和速度，实现车辆的自主安全驾驶，达成安全高效到达目的地的目标。自动驾驶的成功实现将会从根本上改变传统的"车-路-人"闭环控制方式，形成"车-路"的闭环，从而增强道路上的安全性、缓解交通的拥堵，大大提高交通系统的效率。

　　近年来，谷歌、特斯拉和优步等公司一直不遗余力地开发无人驾驶技术。谷歌公司研发的无人汽车在道路上累积行驶已经超过 4.8×10^6km，其模拟行驶的里程数也超过 1.6×10^9km。受这些科技公司的影响，传统汽车公司纷纷加入无人驾驶的研发大潮中。

课后习题

1. 简述物联网的概念。
2. 简述云计算的概念。
3. 简述大数据的概念。
4. 简述人脸识别的概念。
5. 简述自动驾驶的概念。